Sudem Basumatary
Dandadhar Sarma

Peixes e pescas do rio Brahmaputra, Assam, Índia

Sudem Basumatary
Dandadhar Sarma

Peixes e pescas do rio Brahmaputra, Assam, Índia

ScienciaScripts

Imprint

Any brand names and product names mentioned in this book are subject to trademark, brand or patent protection and are trademarks or registered trademarks of their respective holders. The use of brand names, product names, common names, trade names, product descriptions etc. even without a particular marking in this work is in no way to be construed to mean that such names may be regarded as unrestricted in respect of trademark and brand protection legislation and could thus be used by anyone.

Cover image: www.ingimage.com

This book is a translation from the original published under ISBN 978-3-330-35248-3.

Publisher:
Sciencia Scripts
is a trademark of
Dodo Books Indian Ocean Ltd. and OmniScriptum S.R.L publishing group

120 High Road, East Finchley, London, N2 9ED, United Kingdom
Str. Armeneasca 28/1, office 1, Chisinau MD-2012, Republic of Moldova, Europe
Printed at: see last page
ISBN: 978-620-7-68069-6

Dedicado aos nossos pais

ÍNDICE DE CONTEÚDOS

CAPÍTULO 1   5

CAPÍTULO 2   10

CAPÍTULO 3   21

CAPÍTULO 4   52

Prefácio

Assam é o maior Estado do nordeste da Índia, fazendo fronteira com o Butão e o Arunachal Pradesh a norte; Nagaland e Manipur a leste; Bangladesh, Meghalaya, Tripura e Mizoram a sul. Situa-se a 26,21° N, 92,94° E e tem uma área geográfica de 78 529 quilómetros quadrados. É famosa pelos seus jardins de chá, beleza natural, reservas de vida selvagem (especialmente um rinoceronte asiático), templos, monumentos e o poderoso rio Brahmaputra.

O rio Brahmaputra é conhecido como Tsangpo no Tibete, Siang ou Dihang em Arunachal Pradesh, Luit ou Brahmaputra em Assam, e Jamuna e, mais a jusante, como Padma no Bangladesh. O Brahmaputra, com 2880 km de comprimento, é maior do que o Ganges em comprimento e volume e percorre os seus primeiros 1625 km no Tibete, os 918 km seguintes na Índia e os restantes 337 km no Bangladesh até à sua confluência com o Ganges. Depois de entrar na Índia, o rio flui como o rio Siang ou Dihang, percorre cerca de 52 km de Pasighat, no sopé dos Himalaias, antes de se juntar a dois outros grandes rios, o Dibang e o Lohit. A partir desta junção, o rio é conhecido como Brahmaputra. A partir daqui, o rio entra num vale estreito e plano, conhecido como Vale de Assam ou Vale do Brahmaputra. A largura média do vale é de cerca de 86 km. Da largura total do vale, o próprio rio ocupa 15-18 km, sendo mais estreito perto de Guwahati.

Embora o rio Brahmaputra seja o principal rio de Assam, a análise da literatura revela uma fragmentação dos trabalhos sobre a ictiofauna e a ecologia do habitat do rio. Alguns dos trabalhos realizados até à data no rio Brahmaputra são os seguintes: Sen, 1985; Choudhury *et al.* 1990; Jhingran, 1991; Sinha, 1994; Yadava e Chandra, 1994; Bhattacharyya *et al.*, 2000; Lalmohan, 2000; Sarma e Dutta, 2000; Sarma *et al.*, 2005; Sarma e Dutta, 2009, Basumatary *et al.*, 2014 etc. Nos últimos tempos, devido a actividades antropogénicas e a algumas calamidades naturais, tem havido efeitos na diversidade de peixes e no seu habitat no rio Brahmaputra. Por conseguinte, no presente estudo, foi feito um esforço para avaliar a diversidade da fauna piscícola e a ecologia do habitat do rio Brahmaputra Assam, no nordeste da Índia.

Estamos gratos ao Departamento de Ciência e Tecnologia, Governo da Índia [Projeto n.º SR/SO/AS-30/2011] pelas bolsas de investigação concedidas durante o nosso trabalho.

Jatin Kalita, HOD, Department of Zoology, Gauhati University, pela revisão periódica, comentários críticos, sugestões valiosas, orientação para a conclusão atempada do trabalho e disponibilização de instalações laboratoriais para a realização do trabalho.

Por último, gostaríamos de agradecer aos bolseiros de investigação do meu laboratório pelo seu apoio ao longo do ano durante o meu trabalho de investigação.

Sudem Basumatary

Dandadhar Sarma

CAPÍTULO 1

INTRODUÇÃO

O peixe constitui o produto aquático mais importante à escala global e é certamente o recurso mais utilizado do ecossistema aquático. A Ásia é responsável por 63% da produção total de peixe (Briones *et al.*, 2004) e o peixe representa 30% da dieta típica em toda a Ásia (World fish, 2010). O peixe tem um grande valor cultural e psicológico para os seres humanos. Os peixes de água doce são definidos como aqueles que passam todo ou uma parte crítica do seu ciclo de vida em água doce. Existem aproximadamente 13.000 espécies de peixes de água doce no mundo (Leveque *et al.*, 2008). A avaliação da lista vermelha da IUCN de peixes de água doce nos Himalaias Orientais mostra que cerca de 2% dos peixes da região estão em risco elevado de extinção.

A Índia é abençoada com ricos recursos haliêuticos sob a forma de rios, ribeiros, lagoas, lagos, reservatórios, zonas húmidas de planícies aluviais e inúmeras outras pequenas massas de água. A extensa rede de rios indianos, com um comprimento aproximado de 45 000 km, constitui um dos principais recursos de pesca interior do país. Os rios também servem como habitat primário para o germoplasma original dos peixes indianos (TFYP) grupo de trabalho (2010). Aproximadamente 14,49 milhões de pescadores e piscicultores da Índia obtêm os seus meios de subsistência do sector das pescas e este sector contribui para quase 0,83% do produto interno bruto (PIB) nacional e 4,75% do PIB agrícola. O sector das pescas também foi reconhecido como um fornecedor de rendimento e emprego, uma vez que apoia o crescimento de uma série de indústrias subsidiárias e é uma fonte de alimentos baratos e nutritivos (Hand book of Fisheries Statistics, 2014).

A Índia tem 2358 espécies de peixes indígenas, das quais 877 peixes se encontram em águas doces, 113 em águas salobras e 1368 peixes em águas marinhas, pertencentes a 39 ordens, 225 famílias e 852 géneros (Anon, 2001). Os rios indianos possuem um dos recursos genéticos mais ricos do mundo. O sistema do Ganges alberga mais de 265 espécies de peixes, seguido do sistema do rio Brahmaputra, com 126 espécies de peixes, e mais de 76 espécies de peixes são registadas nos rios peninsulares. A Índia alberga 42 espécies de peixes classificadas como globalmente ameaçadas nas categorias de ameaçadas e vulneráveis. Atualmente, a pesca fluvial na Índia está abaixo do nível de subsistência, com um rendimento médio de 0,3 toneladas por km, o que representa apenas cerca de 15% do seu potencial real.

O Nordeste da Índia é drenado principalmente por duas bacias de drenagem, nomeadamente a bacia do Brahmaputra e a bacia do Barak. O Brahmaputra é um dos maiores rios do mundo, com uma bacia de drenagem de 580 000 km2, 33% da qual se situa no Nordeste da Índia. A bacia do Brahmaputra no Nordeste da Índia é partilhada por vários Estados, como Arunachal Pradesh

(41,88%), seguido de Assam (36,33%), Meghalaya (6,10%), Nagaland (5,57%) e Sikkim (3,75%). A bacia do Barak estende-se pela Índia, Myanmar e Bangladesh e drena uma área de 41 723 km2 na Índia. O rio Barak nasce em Manipur e a bacia hidrográfica superior do Barak estende-se por quase toda a parte do Estado. O curso médio do rio situa-se nas planícies de Cachar, no sul de Assam, enquanto o curso inferior, deltaico, se junta ao rio Meghna, no Bangladesh. A bacia de drenagem do Barak abrange estados do Nordeste da Índia como Nagaland, Manipur, Mizoram, Meghalaya, Assam e Tripura. Antes de entrar no país vizinho, o Bangladesh, o rio Barak bifurca-se em dois rios, nomeadamente o Surma e o Kushiara, que se unem no troço inferior do rio, denominado Meghna. Tanto a bacia do rio Brahmaputra como a do rio Barak são meios de subsistência, como a pesca, para as comunidades locais nas respectivas massas de água (Mahanta, 1998).

Nos Himalaias Orientais, a fauna piscícola mais diversificada encontra-se na drenagem do Brahmaputra, no Nordeste da Índia, incluindo o Norte de Bengala e as colinas do sopé dos Himalaias, entre Bihar e o Nepal, com um total de 520 espécies de água doce, das quais 5 criticamente ameaçadas, 15 em perigo, 50 vulneráveis, 46 quase ameaçadas, 263 menos preocupantes e 141 com dados insuficientes. Só o Nordeste da Índia, como parte dos Himalaias Orientais, alberga 300 espécies de peixes de 100 géneros e 30 famílias, incluindo peixes ornamentais de pequeno porte e peixes de médio e grande porte. Entre a grande variedade de peixes, aproximadamente 196 espécies de peixes que ocorrem no Nordeste têm valor ornamental e são bons candidatos a peixes de aquário. Os nomes dos grupos de peixes com maior potencial para o comércio ornamental são Cobitids, Psilorhynchids, Sisorid cat fishes, Nemacheilines, badids, danionins (Vishwanath *et al.*, 2007, Vishwanath *et al.*, 2010 e Vishwanath, 2012).

O Nordeste, incluindo Assam, tem 266 espécies (registadas e comunicadas) pertencentes a 114 géneros de 38 famílias e 10 ordens (Sen, 2003), das quais 196 espécies de peixes que ocorrem no Nordeste têm potencial valor ornamental (Day *et al.*, 2002). O estudo da fauna piscícola do Brahmaputra em Assam registou 41 espécies de peixes de importância comercial (Jhingran, 1999). No que diz respeito ao valor económico dos peixes, 35% são considerados peixes alimentares, seguidos de 29% como ornamentais.

Sen (1985) referiu que 48 espécies são endémicas de Assam e dos estados vizinhos da Índia. Ghose e Lipton (1982) registaram 33 espécies como sendo de distribuição restrita a esta região. As espécies endémicas registadas nestes Estados são 12 de Mizoram e 12 de Tripura (Gurumayum e Choudhury, 2009). No entanto, um relatório recente (Vishwanath *et al.*, 2007) descreveu 160 espécies de peixes como endémicas desta região.

Através do programa de colaboração do NBFGR, foi descrito um total de 296 espécies de 110 géneros em 35 famílias, que também refere várias espécies novas (Vishwanath *et al.*, 2007) desta região. No entanto, estudos anteriores nesta região registaram uma grande variação no número de peixes, que vai de 172 (Ghose e Lipton, 1982) a 267 (Yadav e Chandra, 1994).

O rio Brahmaputra é abençoado com diversos tipos de massas de água, sob a forma de ribeiros de montanha, ribeiros torrenciais, riachos, zonas húmidas, etc., que albergam uma grande variedade de espécies de peixes. Um estudo da fauna piscícola do rio Brahmaputra em Assam (de 1987 a 2000) revelou a presença de 151 espécies de peixes de 93 géneros pertencentes a 35 famílias (Biswas & Sugunan, 2008). O estudo da fauna piscícola do Brahmaputra em Assam registou 41 espécies de peixes de importância comercial (Jhingran, 1999). Das & Bordoloi (2012) registaram um número total de 62 espécies de peixes ornamentais da ilha fluvial de Majuli. A pesquisa bibliográfica exclusiva indica que apenas existe informação limitada sobre a diversidade de peixes do Brahmaputra inferior. Embora o levantamento da ictiofauna desta região tenha sido efectuado por poucos trabalhadores. Paul e Ali (2013) identificaram um total de 61 espécies de peixes do vale do Baixo Brahmaputra no distrito de Dhubri. Sarma (2014) registou 116 espécies de peixes do vale do Baixo Brahmaputra no distrito de Barpeta. Bakalial *et al.*, (2014) identificaram 204 da drenagem do rio Subansiri Inferior. Sarma *et al.*, (2012) identificaram 97 espécies de peixes do curso inferior do rio Brahmaputra. Basumatary *et al.*, (2014) identificaram 72 pequenas espécies indígenas (SIS) de peixes no curso inferior do rio Brahmaputra. Das e Sharma (2012) registaram 54 espécies de peixes do rio Kopili e 47 do rio Jamuna. Saud *et al.*, (2012) registaram um total de 60 espécies de peixes da zona húmida de Urpod, situada a sul do rio

Rio Brahmaputra do distrito de Goalpara.

A natureza do habitat tem uma influência importante na distribuição, abundância, crescimento e outras características das populações de peixes (Hamilton, 1822; Shirvell et al., 1984). A coexistência de muitos peixes ecologicamente semelhantes e estreitamente relacionados no mesmo habitat continua a ser um tema de debate considerável na ecologia dos cursos de água (Nelson, 2006). Muitas espécies foram adaptadas ao regime de caudal natural (Poff *et al.*, 1997; Lytle e Poff, 2004) e a dinâmica temporal da quantidade de habitat pode ser um fator determinante para as respostas das populações de peixes em ambiente ribeirinho (Stalnaker *et al.*, 1996). Os dados sobre a utilização do habitat fornecem uma base para prever a resposta da população e a abundância específica num determinado tipo de habitat (Hawkins *et al.*, 1983). Diferentes populações e comunidades utilizam diferentes tipos de habitat, pelo que a delineação destes padrões poderá fornecer uma base para prever as respostas bióticas em relação às alterações do habitat. Os atributos do habitat incluem características físicas, qualidade da água e componentes biológicos (Maddock *et al.*, 1995).

A qualidade da água dos habitats de água doce fornece informações substanciais sobre os recursos existentes, que dependem das influências dos parâmetros físico-químicos e das características biológicas (Kather *et al.*, 2015). A qualidade da água pode ser avaliada quer através da monitorização das propriedades físico-químicas da água, quer através da análise da biota que a habita (Sarma & Biswas 2012). A degradação da qualidade da água afecta a estrutura populacional do ecossistema aquático. Os parâmetros físico-químicos como a temperatura da água, o pH, o oxigénio dissolvido (OD), o CO livre$_2$, a dureza, a alcalinidade, a condutividade, a turvação e os sólidos totais dissolvidos (TDS) desempenham um papel importante no controlo da produtividade das massas de água.

A importância da produtividade do plâncton em relação às variáveis físicas e químicas da estrutura aquática está a aumentar, uma vez que a produtividade dos recursos humanos das massas de água doce aumenta a sua necessidade (Sivakumar & Karuppasamy, 2008). O plâncton é muito sensível ao ambiente em que vive, pelo que qualquer alteração no ambiente provoca uma mudança nas comunidades de plâncton em termos de tolerância, abundância, diversidade e dominância no habitat (Babu *et al.*, 2014)]. Por conseguinte, a observação da população de plâncton pode ser utilizada como uma ferramenta fiável para estudos de biocontrolo para avaliar o estado de poluição dos corpos aquáticos (Davis, 1995; Mathivanan et al., 2008).

A bacia hidrográfica ou bacia de drenagem é a unidade natural da paisagem, combinando a ligação entre os ecossistemas terrestres e aquáticos e engloba toda a área de terra drenada por vários afluentes do rio principal (Vyas *et al.*, 2012). As actividades de desenvolvimento rápido, como a industrialização, a urbanização e a aceleração das actividades agrícolas, são os principais contribuintes para a poluição das paisagens através da eliminação insegura de resíduos industriais nos cursos de água sem tratamento adequado (Patel & Parikh, 2012). Estas actividades podem resultar na erosão das margens dos rios, no aumento da sedimentação, na alteração da geomorfologia, nos habitats dos rios, na perda de diversidade de espécies e noutros efeitos prejudiciais.

A zona tampão do rio é uma área de árvores, geralmente acompanhada por arbustos e outra vegetação ao longo do rio, ribeiro ou linha costeira, que é gerida para manter a integridade do curso de água, reduzir a poluição e fornecer alimentos, habitat e locais de proteção para peixes e vida selvagem (Naiman *et al.*, 1995). A alteração das características do solo afecta consequentemente estes serviços. A qualidade do solo é alterada principalmente devido aos resíduos residenciais, industriais e agrícolas que são adicionados direta ou indiretamente ao rio. Por isso, é importante estudar a qualidade do solo ao longo do rio para verificar a sua contaminação. Os principais parâmetros do solo susceptíveis de serem influenciados pelas calamidades naturais e pelas actividades antropogénicas são o pH do solo, o carbono orgânico e os principais nutrientes (como o NPK, etc.).

Objectivos do presente estudo

1. Examinar a fauna piscícola, os seus padrões de diversidade na distribuição de diferentes componentes da biodiversidade piscícola do rio Brahmaputra em Assam, de montante para jusante.

2. Analisar o estado da ecologia do habitat, a diversidade das espécies e a possível influência dos peixes exóticos na fauna piscícola autóctone.

CAPÍTULO 2

MATERIAIS E MÉTODOS

Descrição da área de estudo

O rio Brahmaputra é o principal rio de Assam. É o quarto maior rio do mundo em termos de descarga média de água na foz, com um caudal de 19 830 $m^3 s^1$. Atravessa o Tibete, a Índia (Arunachal Pradesh e Assam) e o Bangladesh antes de chegar ao seu delta na Baía de Bengala. O rio transporta 82% do seu caudal anual durante a estação das chuvas (maio a outubro). Em Assam, o rio recebe 103 afluentes notáveis de ambos os lados, 65 da margem norte e 38 da margem sul. No norte, os principais afluentes são o Subansiri, o Jia Bharali, o Dhansiri (Norte), o Puthimari, o Pagladiya, o Manas, o Champawati e o Sankosh, originários da cordilheira dos Grandes Himalaias. Na margem sul, os principais afluentes são Burhi-Dihing, Disang, Dikhow, Dhansiri (Sul) e Kopili, originários das colinas do sopé dos Himalaias e das colinas de Meghalya (Wakid, 2009). No curso inferior, percorre um comprimento de 325 km (entre 53 m e 19 m de altitude). Afluentes como Gangadhar, Gaurang, Tipkai e Champamoti descarregam no Brahmaputra inferior, no lado norte, na parte inferior do rio Brahmaputra; Dudhnoi, Krishnai, Jinjiram e Jinari são os principais afluentes que descarregam em Goalpara; e o rio Kulsi descarrega no Brahmaputra em Nagarbera. A fotografia de oito locais de amostragem seleccionados é apresentada na placa I

Prato I

Fig. 1: Locais de amostragem do rio Brahmaputra, Assam, Índia

A presente investigação foi realizada no rio Brahmaputra de setembro de 2012 a janeiro de 2016. Foi selecionado um total de oito estações de amostragem ao longo dos troços do rio. As estações de amostragem foram as seguintes (Fig. 2) - Guijan ghat (S₁-27° 34'52.6"N 95° 18'58.2"E), Dibrugarh ghat (S2-27° 29'22.5"N 94° 54'45.4"E), Nemati ghat (S₃ -26O51'28.7"N 94o15'01.7 "E), Bhairabi ghat (S₄ - 27O42'24.8"N 95O22'27.0 "E), Guwahati (S₅ -26o∏'10.2 "N 9E45'03.6 "E), Nagarbera (S6-

₂₆₀₈'15.7 "N 9io41'57.2 "E), Pancharatna (S₇ -26oi1'57.4" N 90o34'18.3 "E) e Dhubri (S₈ -26o01'26.9 "N 89o59'76.9 "E).

Os sítios foram escolhidos com base na acessibilidade e na semelhança do habitat físico. A distância de um local de amostragem a outro foi de aproximadamente 100 km.

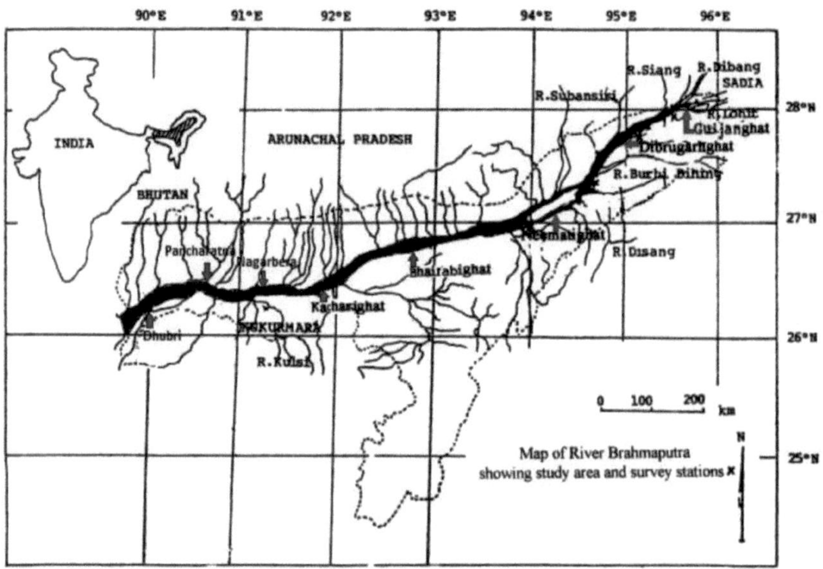

Fig. 2. Mapa com os locais de amostragem do rio Brahmaputra

Coleção de peixes

A recolha de espécimes de peixe foi efectuada mensalmente de 2013 a 2016. Também foram efectuadas algumas recolhas nos mercados de peixe locais próximos e compradas a pescadores locais. Os peixes foram recolhidos com recurso a diferentes técnicas, nomeadamente redes de cerco, redes de mergulho, redes de fundição e métodos de pesca locais. Os detalhes das leituras GPS, incluindo latitude, longitude, altitude, etc., hora e data da recolha, nome local, cor em fresco e habitat foram registados no caderno de campo. Cada espécime foi etiquetado e recebeu um número específico que está de acordo com o registo no caderno de campo. Os nomes dos colectores foram também registados na secção do material examinado.

Preservação

Os peixes foram fixados e conservados em solução de formalina a 10%, segundo Walsh & Meador (1998). Os peixes trazidos para os laboratórios foram fixados nesta solução em frascos separados de acordo com o tamanho das espécies. Os peixes recolhidos e fixados foram etiquetados com números de série, localidade exacta de onde foram recolhidos, data da recolha, o nome local do peixe utilizado também foi etiquetado em cada frasco e depositado no Museu de Peixes da Universidade de Gauhati (GUMF). Os parátipos das novas espécies descobertas foram depositados no Zoological Survey of India (ZSI), Calcutá.

Identificação e análise

A identificação dos peixes foi efectuada com base nas características morfológicas e na análise morfométrica. As medições foram efectuadas com paquímetros em milímetros. Para a identificação das espécies de peixes, seguiu-se Talwar e Jhingran (1991), Jayaram (2010), Vishwanath (2002), Vishwanath *et al.* (2007) e Vishwanath *et al.* (2014). Para a verificação das identificações das espécies, os dados foram comparados com relatórios de cientistas e trabalhadores sobre o mesmo taxa ou taxa semelhante e com informações na Internet. Para a validação dos nomes taxonómicos, foi utilizado o catálogo de peixes atualizado mensalmente em linha por Eschemeyer *et al.* (2017). Os nomes científicos mais recentes das espécies de peixes foram seguidos após a atualização mensal do site www.calacademy.org/res/icthyo/catalogue. Os critérios de ameaça das espécies de peixes recolhidas foram avaliados de acordo com a IUCN (2017). A abundância relativa (AR) de espécies individuais em cada estação de amostragem foi calculada pela seguinte fórmula:

$$RA = \frac{\text{Number of samples of particular species}}{\text{Total number of samples}} \times 100$$

A diversidade de espécies de peixes foi submetida a uma análise de diversidade utilizando diferentes índices como o índice de Shannon-Weiner (H) (Shannon e Weiner, 1963).

Índice de Shannon-Weiner:

$$H = -\sum Pi \log_2 Pi$$

Onde, H= índice de Shannon-Weiner

$$Pi = ni/N$$

A diversidade das espécies foi calculada de acordo com o índice de Shannon-Weiner (H), que depende tanto do número de espécies presentes como da abundância de cada espécie.

ni = Número de indivíduos de cada espécie na amostra.

N = Número total de indivíduos de todas as espécies da amostra.

As espécies em todas as estações de amostragem foram calculadas utilizando o índice de Jacquard:

$$S_j = \frac{j}{(x+y-j)}$$

Onde S é a semelhança entre duas zonas x e y, j é o número de espécies comuns a ambas as zonas x e Y, x é o número total de espécies na zona X e y é o número total de espécies na zona Y.

Amostragem de água

Para a análise dos parâmetros físicos e químicos, foram recolhidas amostras de água de todos os locais seleccionados duas vezes por estação. No nordeste da Índia, as estações foram classificadas como inverno (dezembro a fevereiro), Pré-monção (março a maio), Monção (junho a agosto) e Retirada da Monção (setembro a novembro), segundo Barthakur (1986).

Parâmetros físico-químicos da água
Temperatura

A temperatura da água (^{0} C) foi medida com um termómetro de mercúrio (leituras em graus Celsius) no momento da recolha das amostras.

pH

Os valores de pH da água da amostra foram registados utilizando um medidor de pH digital imediatamente após a recolha da amostra. Foram tomadas as precauções necessárias para calibrar o medidor de pH com um tampão padrão de pH conhecido antes de cada conjunto de medições.

Oxigénio dissolvido (DO2)

Os valores de oxigénio dissolvido da amostra de água foram determinados por titulação, utilizando o método da APHA (2005). Este método baseia-se no princípio da reação em que o sulfato de manganês reage com álcali (KOH ou NaOH) para formar um precipitado branco de hidróxidos de manganês que, na presença de oxigénio, é oxidado a um composto de cor castanha. No meio ácido forte, os iões de manganês são reduzidos por iões de iodeto que se convertem em iodo equivalente à concentração original de oxigénio na amostra. O iodo pode ser filtrado contra tio-sulfato utilizando amido como indicador.

Cálculo:

Quando todo o conteúdo tiver sido titulado DO_2 em mg/l = [(ml x n) de titulante x 8 x 1000]/(V_i - V) quando apenas uma parte do conteúdo tiver sido titulada DO$_2$ em mg/l= [(ml x N) de titulante x 8 x IOOO]{V2(V1- V/Ni)}

Onde,

V$_i$ = Volume do frasco de amostra depois de colocada uma rolha

V$_2$ = Volume da parte do conteúdo a titular

Dióxido de carbono livre (FCO)$_2$

A análise do FCO$_2$ da amostra de água foi efectuada por titulação utilizando o método da APHA (2005). O princípio deste método é que o dióxido de carbono livre reage com o carbonato de sódio ou o hidróxido de sódio para formar bicarbonato de sódio. A conclusão da reação é indicada potenciometricamente ou pelo desenvolvimento da cor rosa caraterística do indicador fenapthalin do pH de equivalência de 8,3. A Bicarbonato de sódio 0,01N

(NaHCO3) com o volume recomendado de indicador de fenolftaleína é uma cor adequada no ponto final.

Cálculo:

FCO2 em mg/l = (Ax Nx 44000)/ml de amostra em que

A = ml de titulante e N = normalidade deNaOH

Alcalinidade (como CaCO3)

A análise da alcalinidade da amostra de água foi efectuada por titulação utilizando o método da APHA (2005). O princípio deste método é que a quantidade de CO_2^{--} + OH$^-$ é determinada por titulação com ácido até pH≡, sendo o ponto final detectado com fenolftaleína. A quantidade de HCO3 é determinada por titulação adicional com ácido até um pH de ponto final entre 4,2 e 5,4 com laranja de metilo ou indicação mista como indicador de ponto final.

Cálculo:

PA (As CaCO3) em mg/l = {(A x Normalidade) de HCL x 1000 x 50} / ml de amostra.

TA (como CaCO$_3$) em mg/l {(B x Normalidade) deHCL x 1000 x 50} / ml de amostra.

Onde,

A= ml de HCL utilizados apenas com fenolftaleína

B= ml de HCL total utilizado com fenolftaleína e alaranjado de metilo

PA= Fenolftaleína

TA= Alcalinidade total

Dureza

A análise da dureza da amostra de água foi efectuada por titulação utilizando o método da APHA (2005). O princípio deste método é que o ácido etileno, diaminotetraacético e os seus sais de sódio (conhecidos como EDTA) formam um complexo solúvel quelatado quando adicionados a um

solução de certos catiões metálicos. Se uma pequena unidade de um corante como o Erichrome Black T for adicionada a uma solução aquosa contendo iões cálcio e magnésio a um pH de 10,0 ± 0,1, a solução torna-se vermelho-vinho. Se se adicionar EDTA como titulante, o cálcio e o magnésio complexam-se e, quando todo o magnésio e cálcio estiverem complexados, a solução passa de vermelho-vinho a azul, marcando o ponto final da titulação. Este princípio foi seguido para estimar a dureza em $CaCO_3$.

Cálculo:

Dureza em mg/l = (ml de EDTA utilizado x 1000) /ml de amostra

Turbidez

A turbidez foi medida imediatamente após a recolha das amostras com a ajuda do turbidímetro nefalo Systronics modelo 31. O princípio deste método é o conhecido fenómeno de dispersão da luz pelas partículas em suspensão. Os valores de turbidez são expressos em unidades de turbidez nefolométrica (NTU). Este instrumento foi calibrado pelo método da suspensão de turvação de stock descrito pela APHA (2005) de turvação conhecida.

Condutividade

A condutividade da amostra de água foi medida com um medidor de condutividade digital Systronic modelo 304 que foi cuidadosamente calibrado de acordo com o método da empresa. Os valores de condutividade são representados em mMho/cm a 25^0 C.

Sólidos totais dissolvidos (TDS)

O TDS da amostra de água foi medido imediatamente após a recolha, com a ajuda do kit digital de análise de água Systronics Make. O princípio deste método é o bem conhecido fenómeno de dispersão da luz por partículas em suspensão. O TDS em qualquer amostra de água pode ser representado por matéria orgânica e inorgânica dissolvida e particulada. Este valor pode ser estimado segundo o princípio gravimétrico, evaporando a amostra filtrada através de um filtro normalizado e pesando o resíduo remanescente.

Recolha de plâncton

A recolha foi efectuada mensalmente com uma rede de plâncton normalizada (malha de 70 µ) no curso inferior do rio Brahmaputra. A amostra foi serenada, agradando a água 100 vezes com a ajuda de uma caneca de 1 litro e preservada em formaldeído a 5% em frascos de plâncton. Cada frasco foi etiquetado com um marcador que incluía o nome do local de amostragem, a data e a hora da recolha.

Identificação e análise

As amostras de plâncton foram levadas para o laboratório para identificação e a identificação foi efectuada até ao nível genérico ao microscópio (10X), de acordo com Needham e Needham (1974), Vashishta (1990), Battish (1992) e Edmondson (1992). A densidade do plâncton foi calculada pela seguinte fórmula

$$Plankton\ density = \frac{No.\ of\ species\ occur\ in\ given\ sample}{Ml\ of\ given\ sample} \times 1000\ Org/L$$

Análise da qualidade do solo

As amostras compostas de solo (sedimento) foram recolhidas sazonalmente em cada local (0-20 cm) de profundidade durante cada período de estudo. Após a remoção de detritos reconhecíveis, estas amostras compostas de solo foram secas à sombra e, finalmente, pulverizadas com um pilão de almofariz para passar através de um peneiro de 2 mm e depois armazenadas num recipiente de polietileno para análise física e química da amostra de solo.

Concentração de iões de hidrogénio (pH)

O valor do pH mede a atividade dos iões de hidrogénio presentes no solo e expressa a acidez e a alcalinidade do solo. É uma propriedade muito importante do solo, uma vez que determina a disponibilidade de nutrientes, a atividade microbiana e o estado físico do solo. O pH do solo foi determinado utilizando um kit digital de análise de água (Make-systronics). 20 g de amostra de solo foram misturados em 40 ml de água destilada numa proporção de 1:2. A suspensão foi agitada intermitentemente com uma vareta de vidro durante 30 minutos e deixada em repouso durante uma hora. O elétrodo foi introduzido no sobrenadante e o pH foi registado.

Carbono orgânico (OC)

A quantidade de carbono orgânico do solo foi estimada pelo método de Jackson (1967). 1 g de solo finamente moído, passado através de um peneiro de 0,5 mm sem perdas, foi introduzido num erlenmeyer de 500 ml, ao qual foram adicionados 10 ml de dicromato de potássio 1N e 20 ml de

H2SO4 conc. Agitou-se durante um minuto e deixou-se repousar durante exatamente meia hora. Em seguida, adicionaram-se 200 ml de água destilada, 10 ml de ácido ortofosfórico e 1 ml de indicador difenilamina. A solução foi titulada com sulfato ferroso de amónio (FAS) ou sulfato ferroso até a cor passar de azul violeta a verde brilhante. A titulação em branco foi efectuada no início sem solo.

Colocaram-se 2 g de amostra de solo num frasco cónico. Adicionaram-se 10 ml de K $1N_2$ Cr O_{27} , 20 ml de H concentrado$_2$ SO_4 , uma pitada de nitrato de prata e misturou-se bem. Digerir a mistura por aquecimento ligeiro, agitando-a e deixando-a repousar durante 30 minutos no escuro. Se a mistura ficar verde, adicionou-se uma quantidade conhecida de solução (1N) de K_2 Cr O_{27} para a tornar amarela (K_2 Cr O_{27}). Em seguida, diluiu-se com água destilada até perfazer um volume de 200 ml. Adicionaram-se também 5 ml de ácido ortofosfórico ou ácido fosfórico. O excesso de dicromato foi titulado com uma solução padrão de $FeSO_4$ utilizando 1 ml de difenilamina como indicador (ponto final azul a verde brilhante). Foi também efectuado um ensaio em branco (sem solo) segundo o mesmo método.

Cálculo

$$\text{Carbono orgânico\%} = (B-U) \times N \times A \times 100 / B \times W$$

Onde,

B = Volume de $FeSO_4$ necessário para o ensaio em branco.

U = Volume de $FeSO_4$ necessário para a amostra

D = ml de K_2 Cr O_{27} utilizados.

N = Normalidade de K_2 Cr O_{27} (1N)

A = meq de carbono (0,003)

W = Peso da amostra utilizada.

Azoto (N)$_2$

O azoto disponível da amostra de solo foi estimado utilizando o método do permanganato de potássio alcalino de Subhaiah e Asija (1965). Para estimar o azoto disponível, 20 g de solo foram colocados num balão de destilação de fundo redondo de 1000 ml (balão de Kjeldahl). Adicionaram-se 20 ml de água destilada. Em seguida, misturaram-se 100 ml de permanganato de potássio a 0,32% e 100 ml de solução de NaOH a 25% e ligou-se imediatamente o balão ao conjunto de estabilização. A espuma durante a ebulição foi proibida através da adição de parafina líquida (1 ml) e a agitação através da adição de algumas esferas de vidro. O conteúdo foi destilado num kjeldahl a um ritmo constante e libertou amoníaco. O azoto disponível foi calculado a partir da seguinte fórmula,

$$\%N \text{ disponível} = (A-B) \times (N. \text{ do ácido}) \times 0{,}014 \times 100/\text{Peso do solo (g)}$$

$$\text{Azoto disponível (Kg ha}^{-1}) = \%N \times 2240000/100$$

Onde,

Peso = Peso da amostra de solo

Aml = Volume de ácido padrão necessário para o solo B ml = Volume de ácido padrão necessário para o branco N = Normalidade do ácido sulfúrico.

Fósforo

O fósforo da amostra de solo foi estimado utilizando o método de Saha (2010). Este método baseia-se no princípio de que o molibdato de amónio forma um composto complexo com o fósforo (ácido molibdofosfórico) num meio ácido. Este complexo (azul de fosfomolibdénio) na presença de cloreto estanoso (agente redutor).

Colocou-se 1 g de terra em pó fino seca ao ar num frasco de 250 ml e adicionaram-se algumas gotas de água destilada. Adicionam-se 2 ml de HCl de concentração e 2 ml de ácido perclórico de concentração. Aquecer suavemente numa placa quente até à secura, arrefecer e adicionar 21 ml de ácido sulfúrico (diluído) e ferver durante 15 minutos. Arrefecer e filtrar o digerido através de um papel de filtro e perfazer o volume de 250 ml com água destilada num balão volumétrico. Introduzir 25 ml desta solução de extrato de solo num tubo de Nessler e adicionar 1 ml de reagente de molibdato ácido de amónio, misturando suavemente. Após a adição de 2-3 gotas de solução de cloreto estanoso, observou-se o aparecimento de uma cor azul e aguardou-se 5-10 minutos (20-30° C), registando-se a absorvância no espetrofotómetro a 690 nm. A água destilada como branco foi utilizada de forma semelhante.

Cálculo:

$$\text{Fósforo total (mg g}^{-1}) = p \times v / 1000 \times w$$

Onde,

$$P = PO^4 \text{ P no digerido (mgL-)}^1$$

$$V = \text{volume total da solução (ml)}$$

$$W = \text{Peso do solo/sedimento seco ao ar recolhido (g)}$$

Potássio

Apenas uma pequena porção do potássio total está disponível na forma permutável, enquanto a restante permanece na forma fixa ou não permutável. O K permutável é, por conseguinte, também referido como "K disponível". O método fotométrico de chama de Jackson (1958) foi utilizado para estimar o K disponível das amostras de solo. Para estimar o potássio disponível, colocaram-se 5 g de amostra seca ao ar num erlenmeyer de 150 ml e adicionaram-se 25 ml de acetato de amónio 1N ao erlenmeyer. O conteúdo foi agitado durante 5 minutos num agitador e filtrado imediatamente através de um papel de filtro seco (Whatman n.º 1). Este filtrado foi recolhido num copo. A partir daí, 5 ml de filtrado foram diluídos em 25 ml de água destilada. Atomizou-se o extrato acima diluído no fotómetro de chama e registou-se a leitura. A quantidade de potássio foi estimada pela seguinte fórmula:

K disponível (Kg ha^{-1}) = (R×F) × volume do extrato DF × 22,4 × 10^6/peso do solo × 10^6

K2O disponível (Kg ha^{-1}) = K disponível (Kg ha^{-1}) × 1,20

Onde,

R = leitura

F = Conc. de K/leitura correspondente

DF = fator de diluição

CAPÍTULO 3

RESULTADOS

Diversidade dos peixes

Cento e trinta e uma espécies de peixes foram identificadas em 82 géneros, 10 ordens e 31 famílias, recolhidas em oito locais de amostragem do rio Brahmaputra, Assam, Índia. As espécies de peixes identificadas pertencem às seguintes famílias Notopteridae (2), Ophichtidae (1), Clupeidae (2), Engraulidae (1), Cyprinidae (44), Psilorhynchidae (1), Botidae (4), Cobitidae (5), Nemacheilidae (3), Amblycipitidae (1), Sisoridae (10), Siluridae (4), Chacidae (1), Clariidae (1), Heteropneustidae (1), Schilbeidae (5), Bagridae (12), Mugilidae (1), Aplocheilidae (1), Belonidae (1), Synbranchidae (1), Mastacembelidae (3), Chaudhuridae (1), Ambassidae (5), Badidae (4), Nandidae (1), Gobiidae (2), Anabantidae (1), Osphronemidae (3), Channidae (8) e Tetraodontidae (1). A diversidade taxonómica dos peixes é apresentada na Tabela 1, juntamente com a abundância relativa de cada espécie em cada local de amostragem e ilustrada em fotografias na Figura 5.

Quadro 1: Diversidade taxonómica das espécies de peixes do rio Brahmaputra

Order	Family	Scientific Names	S_1	S_2	S_3	S_4	S_5	S_6	S_7	S_8
Osteoglossiformes	Notopteridae	*Chitala chitala* (Hamilton, 1822)	0.25	0.68	0.12	0.19	0.46	0.13	1.24	1.05
		Notopterus notopterus (Pallas, 1769)	0.15	0.75	0.14	0.23	0.52	0.20	1.18	0.95
Anguiliformes	Ophichtidae	*Pisodonophis boro* (Hamilton, 1822)	–	–	–	–	–	0.06	–	–
Clupeiformes	Clupeidae	*Gudusia chapra* (Hamilton, 1822)	0.18	0.12	0.27	0.64	1.72	0.66	1.99	1.89
		Tenualosa ilisha (Hamilton, 1822)	0.21	0.13	0.29	0.15	0.92	0.26	1.12	1.99
	Engraulidae	*Setipinna brevifilis* (Hamilton, 1822)	–	–	–	–	–	–	1.15	0.75
Cypriniformes	Cyprinidae	*Amblypharyngodon mola* (Hamilton, 1822)	1.23	0.24	0.34	0.14	1.72	0.79	1.86	2.49
		Bangana dero (Hamilton, 1822)	–	–	–	–	–	0.09	–	–
		Barilius bendelisis (Hamilton, 1822)	0.30	0.30	0.15	0.15	1.09	1.31	0.56	0.60
		Barilius shacra (Hamilton, 1822)	0.18	0.16	0.12	–	–	–	–	–
		Barilius vagra (Hamilton, 1822)	0.30	0.19	0.15	–	–	–	–	–
		Cabdio morar (Hamilton, 1822)	0.85	0.30	0.30	0.61	1.37	1.58	0.50	0.85
		Chagunius chagunio (Hamilton, 1822)	0.78	0.16	0.23	0.09	0.46	1.38	0.25	0.40
		Cirrhinus mrigala (Hamilton, 1822)	0.16	0.18	0.31	0.13	0.23	1.31	0.31	0.35
		Cirrhinus reba (Hamilton, 1822)	0.97	0.23	0.27	0.37	1.15	1.38	0.75	0.50

		Ctenopharyngodon idella (Valenciennes,1844)	0.23	0.14	0.16	0.12	1.03	1.25	0.37	0.75
		Cyprinus carpio (Linnaeus,1758)	0.98	0.32	0.25	0.24	1.2	1.31	0.56	0.70
		Devario assamensis (Barman, 1984)	0.24	0.15	0.11	0.06	0.86	1.64	0.50	0.65
		Devario devario (Hamilton, 1822)	0.91	0.30	0.09	0.10	0.8	0.12	0.27	0.60
		Esomas danrica (Hamilton, 1822)	0.46	0.45	0.18	0.29	1.49	0.87	1.06	0.95
		Garra annandalei (Hora, 1921)	–	–	–	–	–	0.07	–	–
		Gibelion catla (Hamilton, 1822)	0.23	0.18	0.14	0.13	1.15	1.31	0.50	1.00
		Gonorhynchus latius (Hamilton,1822)	0.30	0.33	0.33	0.37	1.49	1.38	0.62	1.10
		Hypophthalmichthys molitrix (Valenciennes, 1844)	0.32	0.17	0.08	0.27	1.03	1.31	0.50	0.55
		Hypophthalmichthys nobilis (Richardson, 1845)	0.43	0.19	0.15	0.29	1.15	1.38	0.75	0.60
		Labeo bata (Hamilton, 1822)	0.78	0.23	0.27	1.13	1.6	1.58	1.18	1.00
		Labeo calbasu (Hamilton, 1822)	0.83	0.26	0.28	0.24	1.49	1.64	1.31	1.15
		Labeo dyocheilus (M'Clelland, 1839)	0.24	–	–	–	–	–	–	–
		Labeo gonius (Hamilton, 1822)	0.76	0.45	0.30	0.12	0.89	0.67	1.19	1.19
		Labeo pangusia (Hamilton, 1822)	0.17	–	–	–	–	–	–	–
		Labeo rohita (Hamilton, 1822)	0.21	0.54	0.32	0.75	1.20	1.31	1.43	1.25
		Laubuca laubuca (Hamilton, 1822)	0.61	0.06	0.03	0.21	1.55	1.64	1.06	0.90
		Neolissochilus hexagonolepis (McClelland, 1939)	0.18	–	–	0.07	–	–	–	–
		Opsarius barna (Hamilton, 1822)	0.67	0.61	0.21	0.06	1.55	1.84	0.62	0.60
		Oreichthys crenucoids (Schafer, 2009)	–	–	–	0.06	–	–	–	–
		Osteobrama cotio (Hamilton, 1822)	0.12	0.75	0.40	0.40	1.72	1.84	1.31	1.25
		Puntius chola (Hamilton, 1822)	1.83	0.49	0.18	0.12	1.72	1.90	1.24	1.15
		Puntius guganio (Hamilton, 1822)	0.37	–	–	–	–	–	–	–
		Puntius sophore (Hamilton, 1822)	0.64	0.33	0.24	1.43	2.18	2.95	2.36	1.99
		Pethia conchonius (Hamilton, 1822)	0.55	0.33	0.09	0.03	0.27	0.45	1.16	1.02
		Pethia gelius (Hamilton, 1822)	–	–	–	–	–	0.75	–	–
		Pethia ticto (Hamilton, 1822)	0.24	0.23	0.12	0.15	1.15	1.9	1.06	0.80
		Raiamas bola (Hamilton, 1822)	0.12	0.15	0.15	0.08	1.03	0.66	1.06	0.75
		Rasbora ornata (Vishwanath & Laishram, 2004)	–	–	–	–	0.12	–	–	0.50
		Salmostoma bacaila (Hamilton, 1822)	0.30	0.24	0.19	0.82	1.32	1.18	0.93	0.80
		Salmostoma phulo (Hamilton, 1822)	0.56	0.22	0.20	0.72	1.72	1.90	0.99	0.85
		Systomus sarana (Hamilton, 1822)	0.43	0.06	0.15	0.40	0.17	0.13	0.19	0.30
		Tor putitora (Hamilton, 1822)	0.33	0.19	0.12	–	–	–	–	–
		Tor tor (Hamilton, 1822)	0.24	0.06	0.16	0.14	–	–	–	0.30
	Psilorhynchidae	*Psilorhynchus sucatio* (Hamilton, 1822)	–	–	–	–	–	0.01	–	–

	Botidae	*Botia almorae* (Gray, 1831)	–	–	–	–	–	0.02	–	–
		Botia dario (Hamilton, 1822)	0.56	0.30	0.27	0.15	1.03	1.31	1.62	1.34
		Botia lohachata (Chaudhuri, 1912)	–	–	–	–	0.06	–	–	0.10
		Botia rostrata (Gunther, 1868)	0.54	0.56	0.34	0.24	1.25	1.25	0.75	1.20
	Cobitidae	*Pangio pangia* (Hamilton, 1822)	–	–	–	–	–	–	0.12	0.70
		Canthophrys gongota (Hamilton, 1822)	0.31	0.21	0.21	0.12	1.32	1.31	1.49	1.37
		Lepidocephalichthys guntea (Hamilton, 1822)	0.45	0.24	0.12	0.15	1.89	2.10	1.74	1.49
		Lepidocephalichthys goalparensis (Pillai & Yazdani, 1976)	–	–	–	–	–	–	0.50	–
		Lepidocephalichthys micropogon (Blyth, 1860)	–	–	–	–	–	0.67	–	–
	Nemacheilidae	*Neonemacheilus assamensis* (Menon, 1987)	–	–	–	–	–	–	–	0.02
		Paracanthocobitis mackenziei (Chaudhuri, 1910)	0.11	0.03	0.14	0.21	0.12	0.06	0.02	0.72
		Paracanthocobitis botia (Hamilton, 1822)	1.22	0.37	0.06	0.13	0.11	1.97	0.37	1.05
		Schistura corica (Hamilton, 1822)	0.09	0.32	0.07	0.06	0.29	0.06	0.37	0.80
Siluriformes	Amblycipitidae	*Amblyceps arunachalensis* (Nath & Dey, 1989)	0.37	–	–	–	–	–	–	–
		Amblyceps waikhomi (Achom *et al.*, 2016)	–	–	–	–	–	–	–	0.45
	Sisoridae	*Bagarius bagarius* (Hamilton, 1822)	0.40	0.12	0.23	0.08	0.92	0.66	1.06	0.95
		Gagata cenia (Hamilton, 1822)	0.43	0.24	0.24	0.64	1.09	0.79	2.18	1.74
		Gogangra viridescens (Hamilton, 1822)	–	–	–	–	0.11	–	0.25	0.15
		Glyptothorax botius (Hamilton, 1822)	0.21	0.08	0.08	0.14	0.12	0.34	0.19	0.30
		Glyptothorax dikrongensis (Tamang & Chaudhury, 2011)	–	–	–	–	–	0.02	–	0.03
		Glyptothorax telchitta (Hamilton, 1822)	0.21	0.08	0.12	0.09	0.18	0.37	0.31	0.40
		Hara hara (Hamilton, 1822)	0.34	0.12	0.27	0.26	0.57	0.23	0.62	0.55
		Nangra assamensis (Sen & Biswas, 1994)	0.68	0.23	0.57	0.35	1.03	0.53	1.86	1.54
		Sisor chennuah (Ng & Lahkar, 2003)	–	–	–	–	—	–	0.12	0.17
		Sisor rabdophorus (Hamilton, 1822)	–	–	–	–	–	–	0.19	0.65
	Siluridae	*Ompok bimaculatus* (Bloch, 1794)	0.29	0.05	0.03	0.06	0.34	0.26	0.25	0.25
		Ompok pabda (Hamilton, 1822)	0.22	0.04	0.06	0.09	0.46	0.20	0.19	0.2
		Ompok pabo (Hamilton, 1822)	0.19	0.07	0.09	0.06	0.40	0.33	0.25	0.25
		Wallago attu (Schneider, 1801)	0.43	0.09	0.15	0.06	0.80	0.53	0.50	0.45
	Chacidae	*Chaca chaca* (Hamilton, 1822)	0.08	0.04	0.04	0.04	0.11	0.07	0.12	0.50
	Clariidae	*Clarias magur* (Hamilton, 1822)	0.89	0.17	0.39	0.14	1.03	0.59	1.62	1.34
	Heteropneustidae	*Heteropneustes fossilis* (Muller, 1840)	0.27	0.06	0.57	0.16	1.32	1.25	1.86	1.74

Order	Family	Species								
	Schilbeidae	*Ailia coila* (Hamilton, 1822)	0.94	0.18	0.16	0.13	1.66	1.71	1.80	1.34
		Clupisoma garua (Hamilton, 1822)	0.21	0.17	0.12	0.08	1.37	1.31	0.62	0.55
		Eutropichthys murius (Hamilton, 1822)	0.32	0.10	0.07	0.12	1.55	1.18	0.62	0.60
		Eutropichthys vacha (Hamilton, 1822)	0.45	0.25	0.08	0.15	1.66	1.18	0.68	0.55
		Pachypterus atherinoides (Bloch, 1794)	1.78	0.47	0.56	0.12	1.72	1.64	1.12	0.65
	Bagridae	*Batasio batasio* (Hamilton, 1822)	–	–	–	–	–	0.02	0.12	–
		Batasio fasciolatus (Ng, 2006)	–	–	–	–	–	0.01	0.01	–
		Batasio merianensis (Chaudhuri, 1913)	–	–	–	–	–	0.01	0.02	–
		Batasio tengana (Hamilton, 1822)	–	–	–	–	–	0.02	0.06	–
		Mystus carcio (Chaudhuri, 1911)	–	–	–	–	–	1.13	1.07	–
		Mystus cavasius (Hamilton, 1822)	1.31	0.18	0.15	0.15	1.66	1.77	0.62	0.85
		Mystus dibrugarensis (Chaudhuri, 1913)	0.96	0.27	–	–	–	–	–	–
		Mystus tengara (Hamilton, 1822)	2.25	0.35	0.25	0.34	1.72	1.90	1.74	1.29
		Mystus vittatus (Bloch, 1794)	0.58	0.21	0.26	0.16	1.83	1.84	1.74	1.39
		Olyra kempi (Chaudhuri, 1912)	0.30	–	–	–	–	–	–	–
		Sperata aor (Hamilton, 1822)	0.14	0.26	0.12	0.09	0.97	1.31	1.24	1.05
		Rita rita (Hamilton, 1822)	0.15	0.15	0.15	0.03	1.03	1.77	0.93	1.00
Mugiliformes	Mugilidae	*Rhinomugil corsula* (Hamilton, 1822)	0.21	0.09	0.25	0.27	1.43	1.31	0.99	1.32
	Aplocheilidae	*Aplocheilus panchax* (Hamilton, 1822)	0.56	0.28	0.26	0.26	1.15	1.37	1.67	1.01
Beloniformes	Belonidae	*Xenentodon cancila* (Hamilton, 1822)	0.88	0.37	0.09	0.06	1.15	1.38	1.12	0.95
Synbranchiformes	Synbranchidae	*Monopterus cuchia* (Hamilton, 1822)	0.09	0.26	0.09	0.07	0.52	0.07	0.37	0.40
	Mastacembelidae	*Macrognathus aral* (Schneider, 1801)	0.17	0.47	0.29	0.06	0.57	0.59	0.31	0.50
		Macrognathus pancalus (Hamilton, 1822)	1.00	0.37	0.24	0.15	1.15	0.66	0.62	0.60
		Mastacembalus armatus (La Cepede, 1800)	0.93	0.25	0.17	0.09	0.69	0.72	0.62	0.75
	Chaudhuridae	*Pillaia indica* (Yazdani, 1972)	–	–	–	–	–	0.1	–	0.21
Perciformes	Ambassidae	*Chanda nama* (Hamilton, 1822)	1.34	0.27	0.21	0.55	1.49	1.64	2.49	1.94
		Parambassis bistigmata (Geetakumari, 2012)	–	–	–	–	–	0.03	–	–
		Parambassis lala (Hamilton, 1822)	0.68	0.45	0.07	0.12	0.46	0.66	0.87	0.85
		Parambassis ranga (Hamilton, 1822)	1.31	0.58	0.37	0.49	1.72	1.84	0.75	1.89
		Johnius coitor (Hamilton, 1822)	0.08	0.17	0.34	0.13	0.29	0.09	1.31	1.05
	Badidae	*Badis assamensis* (Ahl, 1937)	–	–	–	–	–	–	0.19	–
		Badis badis (Hamilton, 1822)	1.19	0.27	0.43	0.23	1.43	1.31	1.43	1.15

		Badis kanabos (Kullander & Britz, 2002)	–	–	–	–	–	–	0.25	–
		Badis pancharatnaensis (Basumatary et al.*, 2016)	–	–	–	–	–	–	0.71	–
	Nandidae	*Nandus nandus* (Hamilton, 1822)	1.23	0.43	0.15	0.15	1.43	1.38	1.86	1.89
	Gobiidae	*Glossogobius giuris* (Hamilton, 1822)	1.10	0.52	0.37	0.40	1.49	1.51	2.18	1.79
		Awaous grammepomus (Bleeker. 1849)	1.09	0.56	0.31	0.12	1.55	1.38	2.11	1.74
	Anabantidae	*Anabas testudineus* (Bloch. 1792)	1.02	0.89	0.27	0.23	1.43	1.84	2.18	1.89
	Osphronemidae	*Trichogaster chuna* (Day, 1877)	–	–	–	–	–	–	–	0.27
		Trichogaster fasciata (Bloch & Schneider, 1801)	2.10	1.14	0.30	0.27	1.72	0.79	2.24	1.84
		Trichogaster lalius (Hamilton, 1822)	–	–	–	–	–	–	–	0.35
	Channidae	*Channa aurentimaculata* (Musikasinthorn, 2000)	1.10	0.48	0.37	–	–	–	–	–
		Channa andrewrao (Hamilton, 1822)	–	–	–	–	–	–	–	0.21
		Channa gachua (Hamilton, 1822)	1.04	0.97	0.34	0.13	1.15	1.25	1.86	1.84
		Channa marulius (Hamilton, 1822)	0.89	0.23	0.09	0.05	0.06	0.05	0.04	0.09
		Channa punctata (Bloch, 1793)	1.00	0.33	0.26	0.18	1.20	1.18	2.42	1.99
		Channa stewartii (Playfair, 1867)	1.13	0.37	0.09	0.06	0.97	1.12	0.62	–
		Channa striata (Bloch, 1793)	0.61	0.58	0.23	0.06	1.15	1.18	1.86	1.79
Tetraodontiformes	Tetraodontidae	*Leiodon cutcutia* (Hamilton, 1822)	0.21	0.24	0.11	0.05	0.11	1.31	0.62	0.45

Nota: "-" indica a ausência de espécies de peixes no sítio de amostragem do rio Brahmaputra

Entre as famílias de peixes recolhidas, a diversidade de peixes é dominada pelos ciprinídeos (44 espécies), seguidos pelos Bagridae (12 espécies); Sisoridae (10 espécies); Channidae (8 espécies); Schilbeidae, Cobitidae, Ambassidae (5 espécies cada); Botidae, Siluridae, Badidae, (4 espécies cada); Nemacheilidae, Mastacembelidae e Osphronemidae (3 espécies cada); Notopteridae, Clupeidae, Gobiidae (2 espécies cada); e Osphichtidae, Engruilidae, Psilorhynchidae, Amblycipitidae, Chacidae, Clariidae, Heteropneustidae, Mugilidae, Aplocheilidae, Belonidae, Synbranchidae, Chaudhuridae, Nandidae, Anabantidae e Tetraodontidae (1 espécie cada). Os membros da família Cyprinidae foram encontrados distribuídos uniformemente em todos os troços do rio. A dominância da família é representada pelo gráfico da Figura 3.

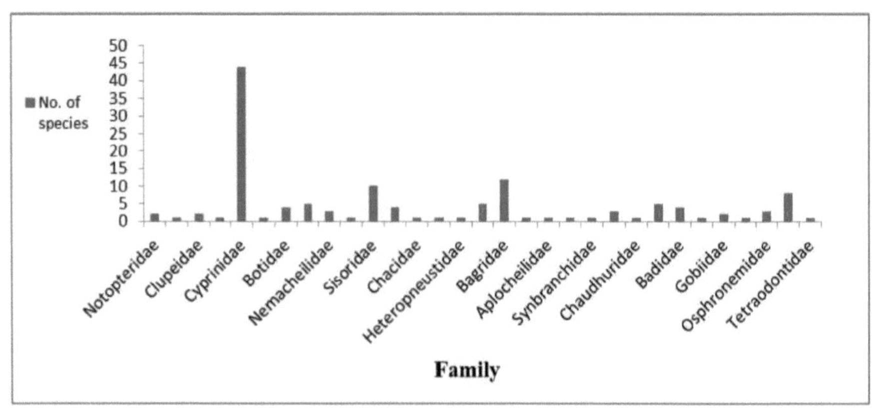

Figura 3: Distribuição da família em todos os sítios de amostragem do rio Brahmaputra

Índice de Diversidade de Shannon-Weiner

O valor calculado do índice de Shannon-Weiner para a diversidade de peixes varia de 4,01 a 4,46. A diversidade mais elevada foi encontrada em S8 e a mais baixa em S_6 . A diversidade de Shannon-Weiner das espécies de peixes em todos os locais de amostragem é apresentada no Quadro 2.

Tabela 2 Diversidade de Shannon-Weiner das espécies de peixes em todos os locais de amostragem seleccionados.

Seasons	H'							
	S_1	S_2	S_3	S_4	S_5	S_6	S_7	S_8
Winter	4.35	4.36	4.30	4.38	4.38	4.29	4.41	4.46
Pre-monsoon	4.12	4.24	4.34	4.13	4.21	4.20	4.21	4.29
Monsoon	4.10	4.11	4.06	4.09	4.20	4.01	4.16	4.19
Retreating Monsoon	4.21	4.17	4.14	4.24	4.18	4.20	4.23	4.28

Índice de semelhança de Jacquard:

O valor calculado do índice de Jacquard mostra que a distribuição dos peixes em todos os locais de amostragem é bastante semelhante. S4 e S5 mostraram uma distribuição similar (1.00) das espécies de peixes enquanto que a menor similaridade foi encontrada entre S_1 e S7 (0.62) (Tabela 3).

Tabela 3 que mostra a distribuição da similaridade das espécies em todos os sítios de amostragem

	S_1 and S_2	S_1 and S_3	S_1 and S_4	S_1 and S_5	S_1 and S_6	S_1 and S_7	S_1 and S_8
	0.94	0.92	0.88	0.85	0.80	0.62	0.77
	S_2 and S_3	S_2 and S_4	S_2 and S_5	S_2 and S_6	S_2 and S_7	S_2 and S_8	
	0.98	0.92	0.94	0.79	0.80	0.82	
	S_3 and S_4	S_3 and S_5	S_3 and S_6	S_3 and S_7	S_3 and S_8		
	0.96	0.93	0.80	0.82	0.83		
S_j	S_4 and S_5	S_4 and S_6	S_4 and S_7	S_4 and S_8			
	1.00	0.83	0.85	0.68			
	S_5 and S_6	S_5 and S_7	S_5 and S_8				
	0.83	0.87	0.90				
	S_6 and S_7	S_6 and S_8					
	0.82	0.76					
	S_7 and S_8						
	0.83						

Estado de conservação

De acordo com a IUCN (2017), o estatuto dos peixes recolhidos foi registado da seguinte forma quatro espécies (*Cyprinus carpio, Devario assamensis, Rasbora ornata* e *Botia rostrata*) Vulnerável, 11 espécies (*Chitala chitala, Hypophthalmichthys molitrix, Labeo pangusia, Tor tor, Bagarius bagarius, Ompok bimaculatus, Ompok pabda, Ompok pabo, Wallago attu, Ailia coila, Parambassis lala*) quase ameaçadas, sete espécies (*Hypophthalmichthys nobilis, Sisor chennuah, Batasio merianensis, Badis assamensis, Badis kanabos, Anabas testudineus* e *Channa aurentimaculata*) com dados insuficientes; três espécies (*Tor putitora, Clarius magur* e *Pillaia indica*) em perigo; 95 espécies menos preocupantes e 11 espécies não avaliadas (Figura 4).

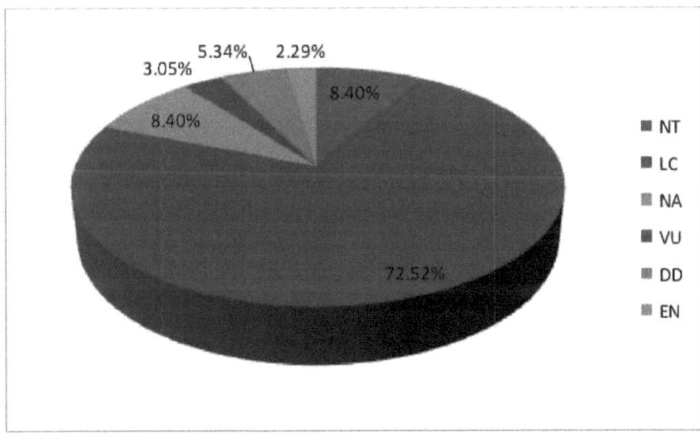

Figura 4. Estatuto IUCN de todas as espécies do rio Brahmaputra

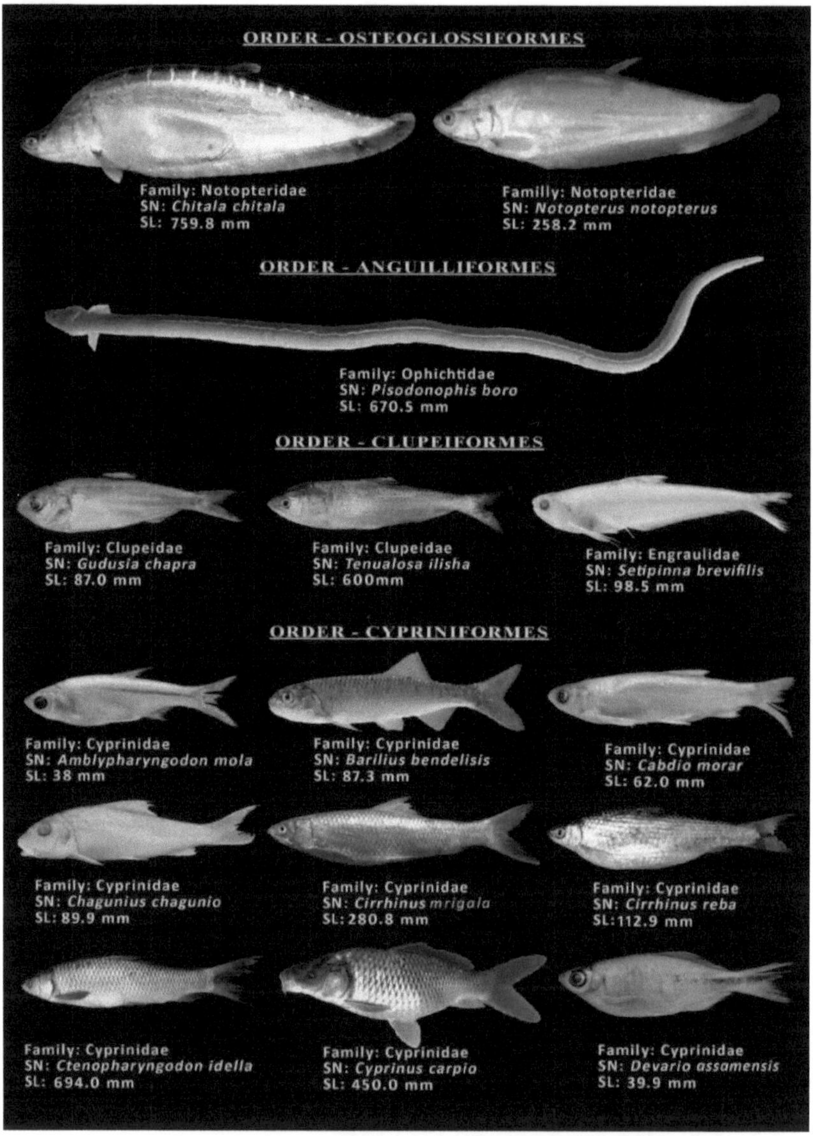

ORDER - OSTEOGLOSSIFORMES

Family: Notopteridae
SN: *Chitala chitala*
SL: 759.8 mm

Familly: Notopteridae
SN: *Notopterus notopterus*
SL: 258.2 mm

ORDER - ANGUILLIFORMES

Family: Ophichtidae
SN: *Pisodonophis boro*
SL: 670.5 mm

ORDER - CLUPEIFORMES

Family: Clupeidae
SN: *Gudusia chapra*
SL: 87.0 mm

Family: Clupeidae
SN: *Tenualosa ilisha*
SL: 600mm

Family: Engraulidae
SN: *Setipinna brevifilis*
SL: 98.5 mm

ORDER - CYPRINIFORMES

Family: Cyprinidae
SN: *Amblypharyngodon mola*
SL: 38 mm

Family: Cyprinidae
SN: *Barilius bendelisis*
SL: 87.3 mm

Family: Cyprinidae
SN: *Cabdio morar*
SL: 62.0 mm

Family: Cyprinidae
SN: *Chagunius chagunio*
SL: 89.9 mm

Family: Cyprinidae
SN: *Cirrhinus mrigala*
SL: 280.8 mm

Family: Cyprinidae
SN: *Cirrhinus reba*
SL: 112.9 mm

Family: Cyprinidae
SN: *Ctenopharyngodon idella*
SL: 694.0 mm

Family: Cyprinidae
SN: *Cyprinus carpio*
SL: 450.0 mm

Family: Cyprinidae
SN: *Devario assamensis*
SL: 39.9 mm

Placa III

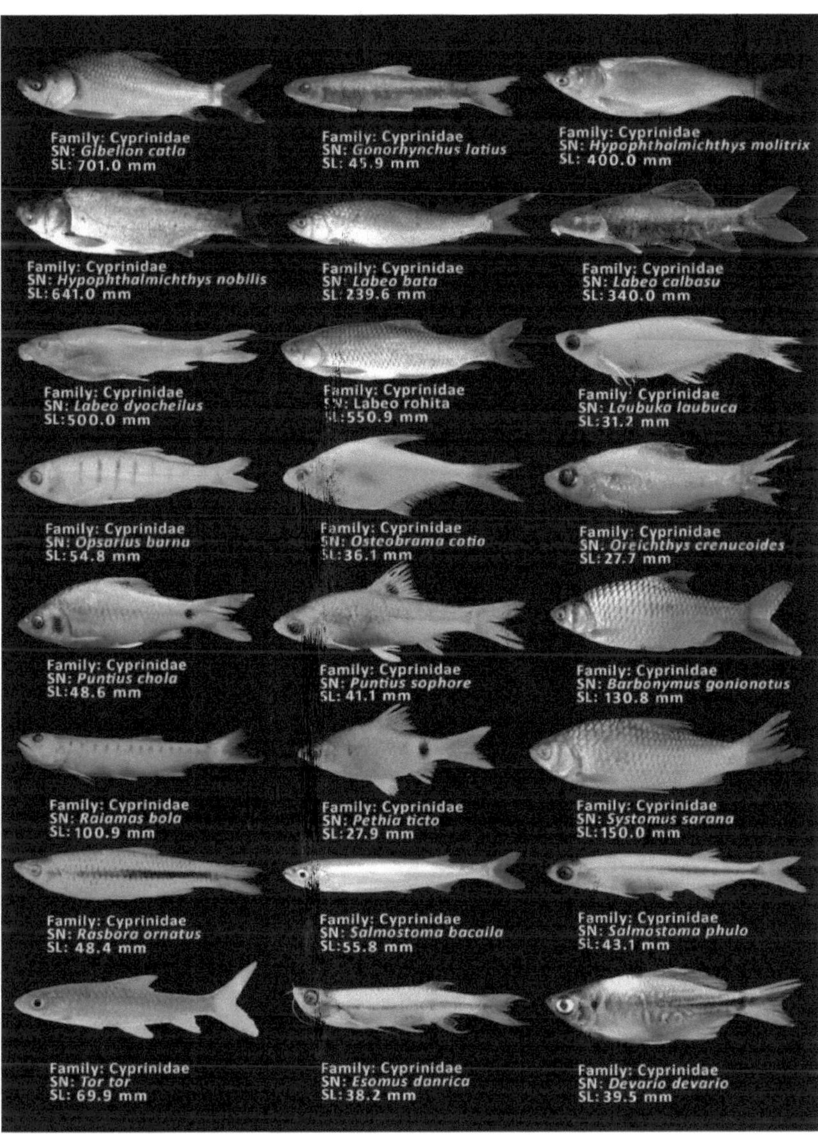

Placa IV

Family: Psilorhynchidae
SN: Psilorhynchus sucatio
SL= 98.4 mm
Family: Botiidae
SN: Botia dario
SL= 48.7 mm
Family: Botiidae
SN: Botia lohachata
SL= 54.6 mm
Family: Botiidae
SN: Botia rostrata
SL= 47.9 mm
Family: Cobitidae
SN: Canthophrys gongota
SL= 61.7 mm
Family: Cobitidae
SN: Lepidocephalichthys goalparensis
SL= 52.1 mm
Family: Cobitidae
SN: Lepidocephalichthys guntea
SL= 54.2 mm
Family: Cobitidae
SN: Lepidocephalichthys micropogon
SL= 52.9 mm
Family: Cobitidae
SN: Pangio pangia
SL= 49.7 mm
Family: Nemacheilidae
SN: Paracanthocobitis botia
SL= 47.4 mm
Family: Nemacheilidae
SN: Paracanthocobitis mackenziei
SL= 50.2 mm
Family: Nemacheilidae
SN: Schistura corica
SL= 45.6 mm
ORDER: SILURIFORMES
Family: Amblycipitidae
SN: Amblyceps waikhomi
SL= 56.7 mm
Family: Sisoridae
SN: Bagarius bagarius
SL= 112.7 mm
Family: Sisoridae
SN: Gagata cenia
SL= 67.9 mm
Family: Sisoridae
SN: Gogangra viridescens
SL= 63.6 mm
Family: Sisoridae
SN: Glyptothorax botius
SL= 66.2 mm
Family: Sisoridae
SN: Glyptothorax telchitta
SL= 67.1 mm
Family: Sisoridae
SN: Hara hara
SL= 34.6 mm
Family: Sisoridae
SN: Nangra assamensis
SL= 65.3 mm
Family: Siluridae
SN: Ompok bimaculatus
SL= 71.3 mm
Family: Sisoridae
SN: Sisor rabdophorus
SL= 100.4 mm
Family: Sisoridae
SN: Sisor chennuah
SL= 103.2 mm
Family: Siluridae
SN: Ompok pabo
SL= 70.4 mm

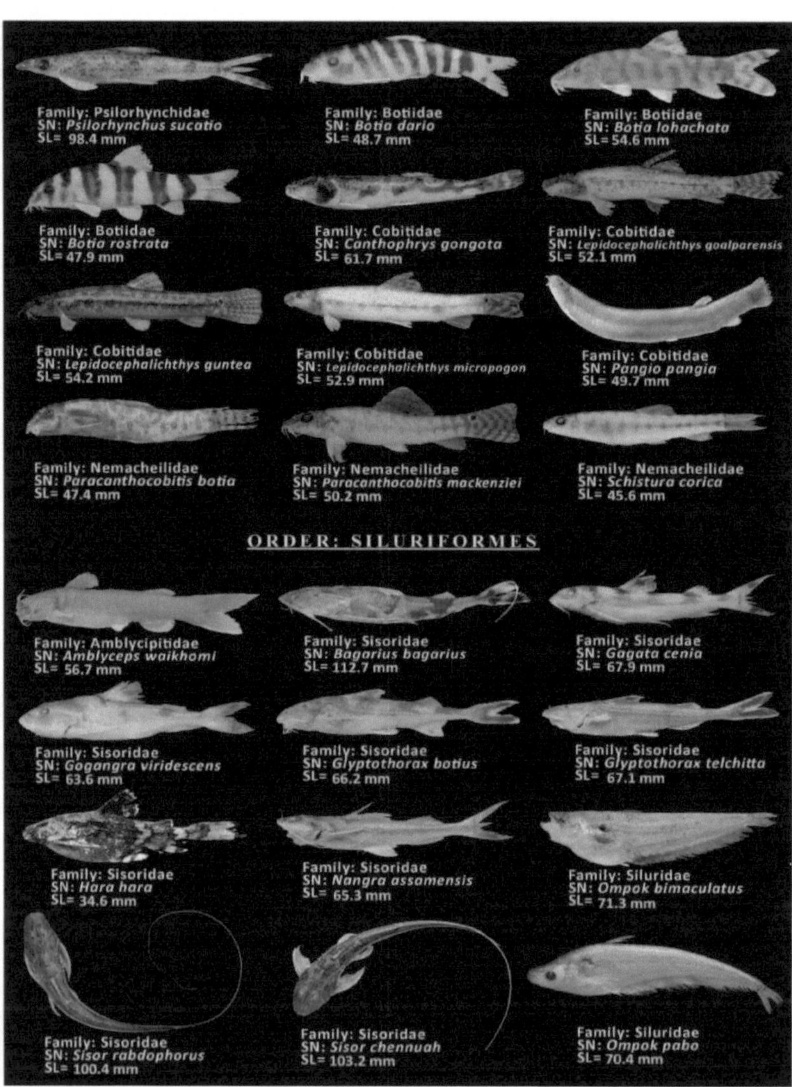

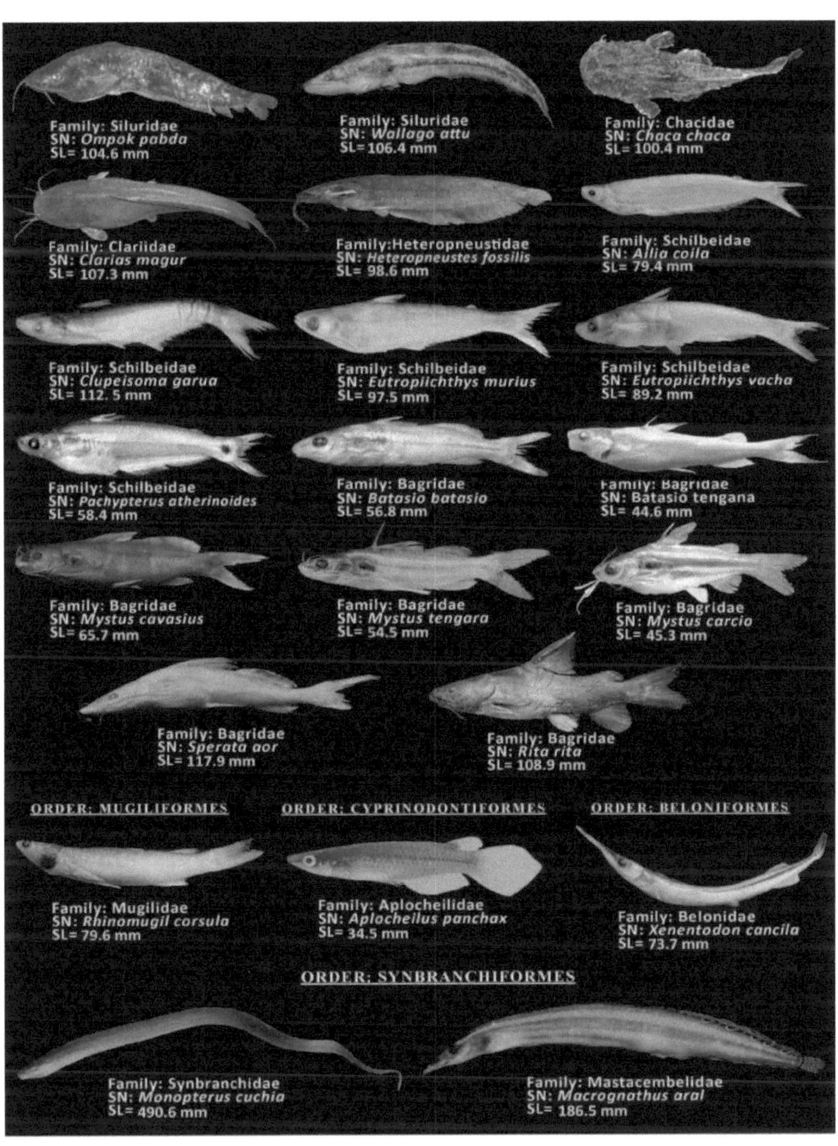

Family: Siluridae
SN: Ompok pabda
SL= 104.6 mm

Family: Siluridae
SN: Wallago attu
SL= 106.4 mm

Family: Chacidae
SN: Chaca chaca
SL= 100.4 mm

Family: Clariidae
SN: Clarias magur
SL= 107.3 mm

Family:Heteropneustidae
SN: Heteropneustes fossilis
SL= 98.6 mm

Family: Schilbeidae
SN: Allia coila
SL= 79.4 mm

Family: Schilbeidae
SN: Clupeisoma garua
SL= 112. 5 mm

Family: Schilbeidae
SN: Eutropiichthys murius
SL= 97.5 mm

Family: Schilbeidae
SN: Eutropiichthys vacha
SL= 89.2 mm

Family: Schilbeidae
SN: Pachypterus atherinoides
SL= 58.4 mm

Family: Bagridae
SN: Batasio batasio
SL= 56.8 mm

Family: Bagridae
SN: Batasio tengana
SL= 44.6 mm

Family: Bagridae
SN: Mystus cavasius
SL= 65.7 mm

Family: Bagridae
SN: Mystus tengara
SL= 54.5 mm

Family: Bagridae
SN: Mystus carcio
SL= 45.3 mm

Family: Bagridae
SN: Sperata aor
SL= 117.9 mm

Family: Bagridae
SN: Rita rita
SL= 108.9 mm

ORDER: MUGILIFORMES

ORDER: CYPRINODONTIFORMES

ORDER: BELONIFORMES

Family: Mugilidae
SN: Rhinomugil corsula
SL= 79.6 mm

Family: Aplocheilidae
SN: Aplocheilus panchax
SL= 34.5 mm

Family: Belonidae
SN: Xenentodon cancila
SL= 73.7 mm

ORDER: SYNBRANCHIFORMES

Family: Synbranchidae
SN: Monopterus cuchia
SL= 490.6 mm

Family: Mastacembelidae
SN: Macrognathus aral
SL= 186.5 mm

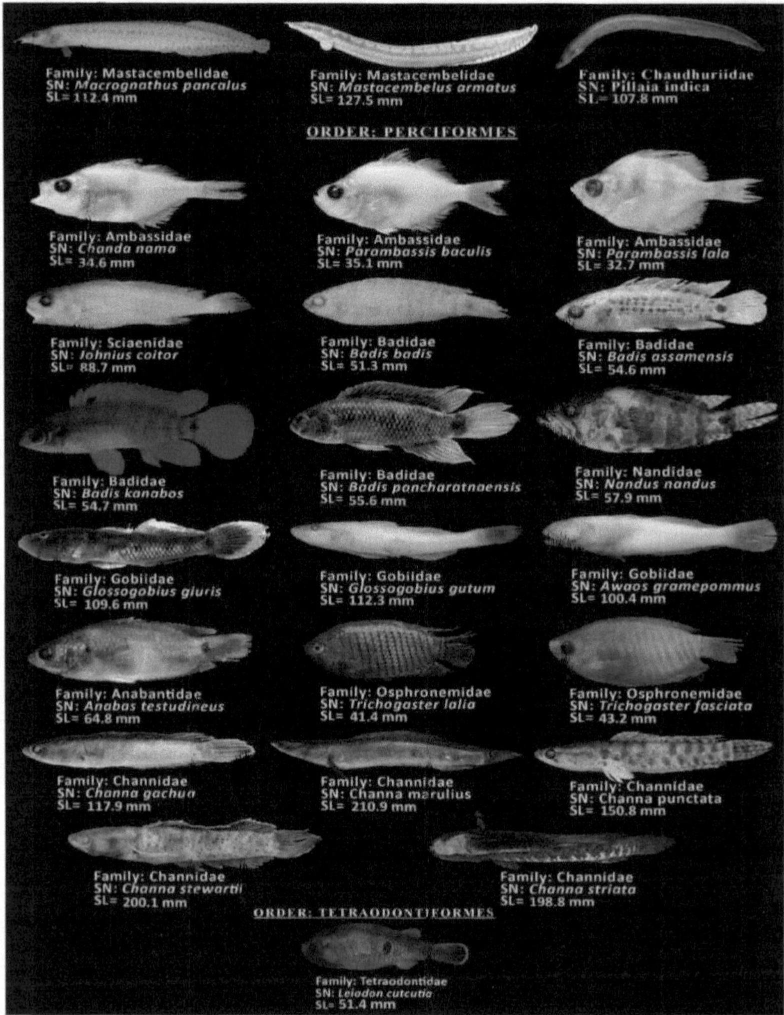

Figura 5. Fotografias de algumas espécies de peixes recolhidas no rio Brahmaputra, Assam, Nordeste da Índia

Descrição de uma nova espécie

***Badis pancharatnaensis*, espécie nova**

Material tipo. Holótipo: <u>GUMF 0095</u>: 36,7 mm Comprimento padrão (SL): Índia, Assam, Distrito de Goalpara, drenagem do Brahmaputra, Hasila Beel, 26° 10'20.8" N, 90° 36'17.2" E, 40 m acima do nível do mar, 28-05-2015, H. Choudhury & party.

Parátipos: <u>GUMF *0096-0104*</u>: 9 espécimes, 27.*3-46*.1 mm SL; mesmos dados que o holótipo. <u>ZSI FF 5432,</u> 2 espécimes, 30.8-33.3 mm SL; mesmos dados que o holótipo. <u>GUMF *102-104,*</u> 29.946.1 mm SL foram dissecados, limpos e corados para osteologia.

Diagnóstico

Badis pancharatnaensis, espécie nova, distingue-se de todas as suas congéneres por apresentar uma combinação de caracteres: presença de barras pretas acastanhadas escuras nos flancos; uma série de manchas escuras ao longo do meio da barbatana dorsal; uma mancha preta proeminente na parte superficial do clitro; mancha caudal mediana alongada com uma barra posterior que rodeia a base da barbatana caudal; barbatana pélvica pontiaguda que ultrapassa a abertura em ambos os sexos; barbatana dorsal e anal macia pontiaguda; 28.*2-33*,8% SL de profundidade do corpo; 7,1 *-9*,4% SL de distância interorbital; *14-17* escamas circumpedunculares; 31 *-33* filas de escamas laterais; *6-8* número de brânquias; e 28 (15+13) número de vértebras.

Descrição

Os dados biométricos e a distribuição da frequência das contagens merísticas são apresentados nos quadros 6 e 7, respetivamente. Corpo alongado, moderadamente comprimido lateralmente. O contorno pré-dorsal é fortemente inclinado até à nuca, formando um certo ângulo até à origem da barbatana dorsal, o que dá um perfil convexo, juntamente com a presença de uma ligeira depressão imediatamente acima da órbita nos espécimes maiores. Perfil pré-pélvico menos inclinado, quase horizontal desde o opérculo até à base da barbatana pélvica. Focinho obtusamente pontiagudo com boca oblíqua terminal; maxilar inferior ligeiramente saliente. Ambos os maxilares apresentam pequenas filas de dentes caniniformes; com 2 filas lateralmente, aumentando para 4 filas anteriormente. A abertura da boca atinge cerca de ½ do diâmetro do olho. Órbita situada na metade anterior da cabeça e aproximadamente a meio do eixo do corpo. Espinha opercular delgada, terminando numa ponta afiada.

Poros laterosensoriais na cabeça (Figura 6): 3 dentários, 2 anguloarticulares, 5 pré-operculares, 2 nasais, 4 frontais, 1 coronal, 3 lacrimais, 3 infra-orbitais, 3 pteróticos, 2 pós-temporais, 5 extrascapulares (internamente).

Escamas na face lateral do corpo fortemente ctenóides, enquanto que na cabeça são ciclóides. Escamas da face 3, na sua maioria ctenóides; com algumas escamas anteriores ciclóides. Escamas operculares ctenóides. Escamas pré-dorsais *4-5* antes do poro coronal; *7-9* posteriormente. Vértebras constantes independentemente do tamanho: 28 (15 abdominais + 13 caudais).

Barbatana peitoral arredondada, atingindo cerca de ½ a ⅔ da distância da origem da barbatana anal. Barbatana dorsal começando um pouco à frente da barbatana peitoral. Barbatana dorsal macia e pontiaguda; os seus 23rd raios atingem cerca de metade da barbatana caudal. Barbatana pélvica pontiaguda, com o segundo raio mole a atingir um pouco para além da abertura, tanto nos machos como nas fêmeas. Barbatana caudal arredondada. Barbatana anal pontiaguda, atingindo cerca de ½ do comprimento da barbatana caudal.

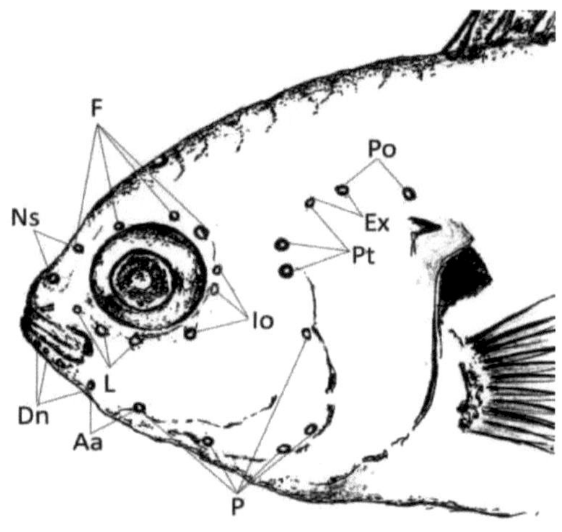

Figura 6. Lado esquerdo da cabeça de *Badis pancharatnaensis* sp. nov. (GUMF 0095, 36,7 mm SL) mostrando a disposição dos poros laterossensoriais. Ns=nasal, Dn=dentário, Io=infraorbital, Cor=coronalis, F=frontal, L=lacrimal, P=preopercular, Pt=pterótico, Po=pós-temporal, Aa=anguloarticular, Ex=extrascapular

Tabela 4 Dados biométricos do holótipo (GUMF 0095) e nove parátipos (GUMF *0096-0102*; ZSI FF 5432) de *Badis pancharatnaensis*, espécie nova. '*' indica dados do holótipo incluídos na gama

Morphometric character	Holotype	Paratypes (Range*)	Mean ±SD
Standard length (mm)	36.7	27.3-46.1	
In percent of standard length (SL)			
Head length	29.7	27.4 -33.7	30.1±2
Snout length	6.8	6.2 - 7.8	6.9±0.4
Orbital diameter	8.2	7.1 -9.2	8.7±0.8
Interorbital width	9.4	7.1 -9.4	8.1±0.7
Upper jaw length	7.3	6.3 -9.1	7.9±1.1
Lower jaw length	7.9	6.8 -9.8	8.4±1.1
Body depth	31.5	28.2 -33.8	31.3±1.4
Pelvic-fin length	30.5	26.6 -30.5	28.2±1.4
Pelvic to anal distance	27.9	23.9 -28.1	25.9±1.5
In percent of head length (HL)			
Snout length	23.0	20.5 -25.1	22.8±1.3
Orbital diameter	27.5	25.2 -30.7	29.0±1.7
Meristics			
Dorsal-fin	XVI/9	XV-XVII/8-9	
Pectoral-fin	13	13 -14	
Anal-fin	III/8	III/7-8	
Lateral scale rows	29	26 -29	
Lateral line scale count	22/4	21 -23/4	
Lateral transverse scales	10 ½	9 ½ -10 ½	
Circumpeduncular scales	17	14 -17	
Gill rakers		6-8	
Vertebrae		28	

Tabela 5 Distribuição da frequência das contagens merísticas de *Badispancharatnaensis*, espécie nova

a. Dorsal-fin (spines/soft rays)				
Counts	XV/8	XVI/8	XVI/9	XVII/9
Specimens	1	1	4	4
b. Anal-fin (spines/soft rays)				
Counts	III/7	III/8		
Specimens	3	7		
c. Pectoral-fin				
Counts	13	14		
Specimens	6	4		
d. Lateral Scale rows				
Counts	31	32	33	
Specimens	3	1	1	
e. Lateral line pored scales (upper/ lower)				
Counts	21/4	21/6	22/4	23/4
Specimens	2	1	4	3
f. Gill rakers				
Counts	6	7	8	
Specimens	2	2	2	
g. Vertebrae				
Counts	28			
Specimens	3			

Coloração em conservante (figura 7): corpo castanho cacau escuro e quase preto nos flancos com barras indistintas. As barras laterais formam manchas negras na parte escamosa da base da barbatana dorsal. Mancha preta proeminente no cleitro acima da base da barbatana peitoral. Coloração geral das barbatanas castanho-escuro; barbatana peitoral hialina; barbatana caudal, dorsal mole e anal cinzento-escuro com membranas interradiais mais escuras. Bases das barbatanas com membranas interradiais cinzentas escuras a castanhas. Uma série contínua de manchas pretas começando atrás da espinha 3rd ao longo da base da barbatana dorsal. Lâminas dorsais brancas distalmente, delimitadas por riscas pretas submarginais. Presença de uma mancha negra alongada e proeminente com uma barra posterior que rodeia a base da barbatana caudal (em alguns espécimes, a barra negra rodeia toda a base da barbatana caudal sem qualquer mancha visível).

Coloração em fresco (Figura 8), corpo castanho escuro com cinco barras negras distintas nos lados (variação de cor - barras frequentemente distintas a quase ausentes consoante o estado de espírito do peixe). Metade dorso-lateral da cabeça castanho-acinzentada, com uma banda pré-orbital negra distinta que se prolonga ao longo do queixo, uma banda pós-orbital negra formada por duas manchas sucessivas, uma banda supraorbital indistinta e uma banda suborbital negra que se prolonga ligeiramente ao longo da parte posterior do maxilar inferior. Uma série de manchas negras proeminentes nas membranas interradiais ao longo do meio do espinho dorsal com iridescência azul antero-dorsal. Barbatana dorsal espinhosa cinzenta escura com lapas dorsais brancas e riscas sub-marginais negras. Barbatanas dorsal e anal moles escuras a hialinas com membranas interradiais iridescentes nas bases e coloração castanho-avermelhada distalmente. Uma mancha distinta no cleitro apresenta iridescência verde-azulada. A base das escamas abaixo da linha lateral apresenta uma coloração branco-creme, que se esbate gradualmente em direção à região do pedúnculo caudal. Uma mancha negra mediana alongada com uma barra posterior cobre inteiramente a base da barbatana caudal.

Dimorfismo sexual. Não foram observadas diferenças visíveis na morfologia externa entre machos e fêmeas, uma vez que a dissecação de espécimes recentemente mortos para identificação das gónadas não mostrou qualquer relação entre o padrão de coloração externa ou os dados morfométricos e as diferenças sexuais.

Distribuição e habitat. Atualmente, a espécie é conhecida de Hasila Beel - uma zona húmida ribeirinha da drenagem do Brahmaputra no distrito de Goalpara, Assam, Índia. A localidade-tipo é uma zona húmida de baixa altitude com densa vegetação macrófita, bem ligada ao rio Brahmaputra e frequentemente inundada pelas águas do rio, que apresenta um elevado grau de subida e descida do nível das águas em função das variações climáticas sazonais.

Etimologia. O nome da espécie deriva do local histórico chamado "Pancharatna" no distrito de Goalpara em Assam, Índia.

Comparação com espécies relacionadas. Os dados comparativos de *Badis pancharatnaenss,* espécie nova, com espécies relacionadas são apresentados no quadro 8. A nova espécie pode ser imediatamente distinguida de *B. assamensis* e *B. blosyrus* pela ausência de uma mancha no opérculo (vs. presença). Também se distingue de *B. andrewraoi, B. autumnum* e *B. kyanos* pela presença (vs. ausência) de uma mancha cleitral. A nova espécie distingue-se de *B. singenensis* e *B. laspiophilus pela* ausência (vs. presença) de manchas na barbatana dorsal e na barbatana anal e pela presença (vs. ausência) de uma mancha cleitral.

Badispancharatnaensis distingue-se de *B. badis* por ter menor profundidade do corpo (28,2-33,8 % SL vs. 30,7-38,9 % SL), maior distância interorbital (7,1 -9,4 % SL vs. 6,5-8,3 % SL) e menor número de escamas circumpedunculares (*14-17* vs. *19-20*).

A nova espécie difere de *Badis kanabos* por ter um corpo mais raso (28,2-33,8 % SL vs. *29-35* % SL), maior número de raios ramificados da barbatana anal (*7-8* vs. *6-8*) e mais fileiras de escamas laterais (*26-29* vs. *25-26*); de *B. chittagongis* por ter maior distância interorbital (7,1 -9,4 %

SL vs.

5,*5-6,7* % SL), menor número de escamas cicumpedunculares (*14-17* vs. 20) e menor número de brânquias (*6-8* vs. *8-11*).

Badis pancharatnaensis distingue-se de *B. dibruensis* por ter um corpo mais profundo (28,*2-33*,8 % SL vs. 25,*4-30*,0 % SL), distância interorbital mais curta (7,1 *-9*,4% SL vs. 10,*7-12*,2 % SL), mais escamas da linha lateral (21 *-23/4* vs. *19-22/4-5*), menor número de escamas circumpedunculares (*14-17* vs. 21 *-22*) e maior número de vértebras (28 vs. 27).

Além disso, o *Badis pancharatnaensis* é comparado com o *B. tuivaiei* da bacia do Meghna. It is different in having a deeper body (28.2-33.8 % SL vs. 25.9-29.2 % SL), more interorbital distance (7.1 -9.4 % SL vs. 5.6-6.6 % SL), lesser dorsal-fin spines (XV-XVII vs. *XVI-XVIII*), menor número de escamas da linha lateral (21 *-23/4* vs. *20-25/2-4*), menor número de escamas circumpedunculares (*14-17* vs. *16-20*) e menor número de vértebras (28 vs. *30-31*).

A nova espécie é semelhante a *Badis soraya*, pertencente ao grupo de espécies *B. badis*, na ausência de manchas no opérculo e no aspeto dorsolateral do pedúnculo caudal e na presença de uma mancha cleitral. No entanto, difere por ter maior largura interorbital (7,1 *-9*,4 % SL vs. 6,3-8,8 % SL), espinhos da barbatana dorsal (*XV-XVII* vs. XIV-XVI), escamas em filas laterais (26 -29 vs. 25-27), mais filas de escamas laterais (26-29 vs. 25-27), número de vértebras (28 vs. 27) e menor número de escamas circumpedunculares (14-17 vs. 18-22).

Tabela 6 Medidas comparativas em percentagem do comprimento padrão e contagens merísticas de *Badispancharatnaensis*, espécie nova, com espécies relacionadas

Proportions	B. pancharatnaensis New species	B. badis	B. chittagongis	B. dibruensis	B. kanabos	B. tuivaiei	B. soraya
Body depth	28.2-33.8	30.7-38.9	29-34	25.4-30.0	29-35	25.9-29.2	31.9–35.5
Interorbital width	7.1-9.4	6.5-8.3	5.5-6.7	10.7-12.2	7.3-8.6	5.6-6.6	6.3–8.8
Counts							
Dorsal fin rays	XV-XVII/8-9	XV-XVIII/9	XVII-XVIII/9	XV-XVII/8	XV-XVII/9	XVI-XVIII/9	XIV–XVI/9–11
Pectoral fin rays	13-14	11-14	12-14	13-14	11-13	13-14	12–13
Anal fin branched rays	7-8	6-8	6-9	5-8	6-8	6-10	7–8

Lateral scale rows	26–29	25-28	27-29	25-29	25-26	26-32	25-27
Lateral line scales (upper/lower)	21-23/4	17-24/1-4	20-24/3-6	19-22/4-5	20-22/3-4	20-25/2-4	20–22/5–6
Circumpeduncular scales	14-17	19-20	20	21-22	16-17	16-20	18–22
Gill rakers	6-8	5-9	8-11	7	6-7	6-8	—
Vertebrae	28	26-28	28-29	27	26-28	30-31	27

Figura 7. *Badispancharatnaensis*, espécie nova, <u>GUMF 0095</u>: 36,7 mm SL, holótipo.

Figura 8. Coloração em vida de *Badispancharatnaensis*, espécie nova.

Parâmetros físico-químicos

Entre os parâmetros físico-químicos, pH, DO, FCO_2, dureza, alcalinidade, cloreto e turvação foram encontrados flutuando consideravelmente de um local para outro, o pH foi estimado ligeiramente alcalino. O valor do pH variou entre 6,69 e 8,4, revelando-se ligeiramente alcalino a quase neutro. O DO foi encontrado entre 8,29 e 10,33 mg l^{-1} . No entanto, o nível de DO foi estimado como máximo nos locais superiores do que nos inferiores. O nível de FCO_2 foi máximo nos locais mais baixos do que nos mais altos. O nível de FCO_2 em todos os locais de amostragem foi estimado na gama de 4,68 a 7,06 mg l^{-1} . Os valores estimados de alcalinidade em todos os locais de amostragem foram encontrados entre 95,74 e 231 mg l^{-1} ao longo do ciclo anual. O valor mais elevado de alcalinidade foi registado em S_6 no período da monção, enquanto o valor mínimo foi registado em S_1 no recuo da monção. O valor estimado da dureza em todos os locais de amostragem foi registado entre 66,75 e 103,42 mg l^{-1} , sendo o valor mais baixo estimado em S_6 na monção e o mais elevado em S_1 na estação pré-monção. O valor mais elevado de cloreto foi estimado em S_6 no período pré-monção e o valor mais baixo foi registado em S_1 na monção. No entanto, a gama de cloreto foi encontrada entre 13,27 e 19,40 mg l^{-1} . A turvação foi mais elevada nos locais mais baixos e mais baixa nos locais mais altos. A transparência da água variou sazonalmente entre todos os locais de estudo, de muito turva (49,47 NTU) a límpida (13,94 NTU), registada ao longo do ciclo anual. O nível de sólidos dissolvidos totais foi estimado entre 93,53 e 135,25 ppm, o TDS mais elevado foi estimado na estação das monções em S_2 e o TDS mais baixo foi estimado na estação do inverno em S_4 . A gama de condutividade flutuou entre 116,35 e 228,5 mhos cm^{-1} . A condutividade mais elevada foi estimada no período da Monção em S_2 e a mais baixa no período de inverno em S_7 . A salinidade foi estimada entre 0,06 e 0,12 mg l^{-1} (Tabela 7).

Quadro 7 Parâmetros da água com média e desvio padrão em todos os pontos de amostragem do rio Brahmaputra

SL. No.	Water Parameters	S_1	S_2	S_3	S_4	S_5	S_6	S_7	S_8
		Mean±SD	Mean±SD	Mean±SD	Mean±SD	Mean±SD	Mean±SD	Mean±SD	Mean±SD
1	Water Temperature ^{0}C	21.78 ± 3.78	23.1 ± 4.22	22.13 ± 4.37	23.03 ± 3.71	22.84±0.70	21.48±2.15	21.84±3.60	22.84±3.60
2	pH	7.82 ± 0.52	8.08 ± 0.64	7.32 ± 0.88	7.50 ± 0.25	7.55±0.18	7.41±1.26	7.48±0.52	7.75±0.40
3	FCO_2 mg/l	5.23 ± 1.65	6.6 ± 1.80	5.23 ± 1.65	4.68 ± 1.38	7.00±0.10	7.06±2.80	7.05±1.35	6.88±2.27
4	DO mg/l	9.39 ± 0.41	10.20 ± 1.29	9.66 ± 1.26	10.33 ± 1.33	8.61±0.35	8.98±1.03	8.29±0.23	8.55±0.79
5	Hardness mg/l	103.42 ± 12.31	82.75 ± 24.24	91.25 ± 30.20	74.25 ± 14.80	76.67±8.60	66.75±13.57	82±19.11	81.25±18.47
6	Alkalinity mg/l	95.75 ± 26.49	138 ± 88.50	192.75 ± 93.33	205.75 ± 40.67	201.33±30.01	231±24.96	171±74.82	202±87.44
7	Chloride mg/l	13.27 ± 2.02	15.77 ± 2.26	15.14 ± 2.72	14.02 ± 1.68	18.48±0.84	19.40±1.93	17.77±4.99	18.27±4.50
8	Conductivity µS/cm	208.25 ± 68.64	228.5 ± 30.04	208 ± 25.76	181.50 ± 28.03	164.03±68.19	242.13±23.58	116.35±33.29	133.60±47.25
9	Total dissolved solids mg/l	107.63 ± 20.93	135.25 ± 19.82	115.65 ± 24.57	93.53 ± 13.97	109.59±21.59	134.43±17.46	95.30±23.17	99.05±29.50
10	Salinity mg/l	0.065 ± 0.01	0.07 ± 0.01	0.11 ± 0.05	0.10 ± 0.04	0.11±0.02	0.08±0.03	0.12±0.04	0.12±0.06
11	Turbidity mg/l	13.94 ± 3.21	14.63 ± 6.04	16.68 ± 5.18	17.04 ± 3.86	48..27±1.70	26.40.07±12.06	47.07±10.74	49.47±17.69

Correlação dos parâmetros físico-químicos

A correlação dos parâmetros da água foi inversa em alguns parâmetros. A temperatura mostrou uma correlação negativa com pH, DO, Dureza, TDS e salinidade e uma correlação positiva com FCO_2, Alcalinidade, Cloreto, Condutividade e Turbidez com valor r -0.809, - 0.978, -0.366, -0.170 e -0.650 e 0.915, 0.307, 0.338, 0.348 e 0.988 respetivamente. O pH mostrou uma correlação negativa com FCO_2, Dureza e Turbidez. A correlação dos parâmetros físico-químicos é apresentada na Tabela 8.

Quadro 8 Correlação dos parâmetros físico-químicos do rio Brahmaputra

Water Parameters	Temperature	pH	FCO_2	DO	Hardness	Alkalinity	Chloride	Conductivity	TDS	Turbidity
Temperature	1									
pH	-0.809	1								
FCO_2	0.915	-0.533	1							
DO	-0.978	0.878	-0.872	1						
Hardness	-0.366	-0.209	-0.708	0.284	1					
Alkalinity	0.307	0.137	0.377	-0.099	-0.431	1				
Chloride	0.338	0.158	0.453	-0.134	-0.545	0.991	1			
Conductivity	0.348	0.164	0.478	-0.145	-0.583	0.984	0.998	1		
TDS	-0.170	0.304	-0.241	0.349	0.155	0.784	0.707	0.676	1	
Salinity	-0.650	0.818	-0.532	0.795	0.016	0.523	0.483	0.467	0.794	
Turbidity	0.988	-0.786	0.942	-0.985	-0.436	0.216	0.263	0.279	-0.303	1

Biota aquática (Plâncton)

Durante o período de estudo, foi identificado um total de 111 géneros de plâncton no âmbito do fitoplâncton e do zooplâncton. Entre o fitoplâncton, Chlorophyceae foi a família dominante com 30 (41,10%) géneros, seguida de Bacillariophyceae 21 (28,77%), Desmidiaceae 11 (15,07%) e Cyanophyceae 11 (15,07%). O zooplâncton era constituído por Rotifera 16 (42,11%) como família dominante, enquanto Cladocera 12 (28,95%), Protozoa 7 (18,42%) e Copepoda 4 (10,53%) eram famílias subdominantes (Tabela 9). A densidade foi elevada ao longo das estações para *Ulothrix*, *Ankistrodesmus*, *Botryococcus*, *Anabaena*, *Synedra*, *Cymbella*, *Cyclops*, *Diaptomus*, *Nauplius* larva e *Mesocyclops* em todos os locais de amostragem. O nome dos géneros e a sua densidade sazonal são apresentados no Quadro 10. As fotografias de alguns plâncton são apresentadas na Figura 9.

Tabela 9   Número de géneros e respectiva percentagem de ocorrência em 8 famílias de plâncton no baixo rio Brahmaputra

Family	No. of genera occurrence	% of genera in collection
Phytoplankton		
Chlorophyceae	30	41.10
Bacillariophyceae	21	28.77
Desmidiaceae	11	15.07
Cynophyceae	11	15.07
Zooplankton		
Rotifera	16	42.11
Cladocera	12	28.95
Protozoa	7	18.42
Copepoda	4	10.53

Quadro 10   Nome dos géneros e respectiva densidade sazonal de plâncton no Brahmaputra inferior Rio

Family	Name of genera	Density (Org/L)			
		Pre-monsoon	Monsoon	Retreating Monsoon	Winter
Chlorophyceae	*Microspora*	2125	–	1250	–
	Botryococcus	2250	1125	1000	1250
	Ulothrix	2125	2625	3250	3375
	Ankistrodesmus	3875	2500	2625	1125
	Zygnema	–	4625	2500	3250
	Pediastrum	2000	1875	3000	–
	Scenedesmus	–	–	1125	–
	Closterium	2125	1500	1250	–
	Characium	2250	–	875	–
	Chlorococcum	–	–	1000	–
	Coelastrum	–	–	1125	–
	Bulbochaete	–	–	1000	–

	Sorastrum	2250	1500	2250	–
	Dictyosphaerium	–	2625	1125	875
	Crucigenia	2125	–	1000	875
	Pleaurococcus	1625	–	1500	1625
	Laminaria	–	–	1250	–
	Kirchnerjella	–	–	1125	1000
	Ophiocytium	–	2375	2625	–
	Hydrodictyon	–	–	3375	–
	Draparnaldia	1125	1500	1000	–
	Spirogyra	1375	–	–	1250
	Microcystis	1625	–	–	1125
	Mougeotia	875	–	–	–
	Tetraspora	1000	–	–	–
	Lemanea	–	–	–	2875
	Centritractus	–	–	–	1875
	Staurastrum	–	–	–	1875
	Xanthidium	–	–	–	750
	Cosmarium	–	2625	–	–
Cyanophyceae	Oscillatoria	1750	875	–	750
	Anabaena	1625	1500	6875	3250
	Microcystis	2500	2375	750	–
	Rivularia	375	–	1125	–
	Asphanocapsa	375	–	–	–
	Coelosphaerium	750	–	–	–
	Spirulina	1000	250	750	–
	Nostoc	500	–	3125	–

	Phormidium	325	–	2375	–
	Tetrapedia	1750	–	–	–
Desmidiaceae	*Closterium*	1125	–	2250	3875
	Cosmarium	–	–	–	2375
	Gonatozygon	4250	–	1000	2625
	Desmidium	–	–	–	2750
	Micrasterias	–	–	–	2375
	Eustrum	–	–	–	2125
	Docidium	–	–	–	1125
	Pleurotaerium	–	–	–	1875
	Mesotaenium	–	–	–	1000
	Netrium	–	–	–	1125
	Spirotaenia	–	–	750	–
Bacillariophyceae	*Asterionelia*	625	–	–	500
	Tabellaria	750	–	–	875
	Gyrosigma	2125	–	1125	1500
	Diatoma	1000	–	–	1000
	Synedra	2625	3125	1125	2375
	Fragellaria	5250	5875	–	750
	Frustulia	1125	–	–	875
	Nitzschia	625	–	–	750
	Navicula	2125	–	1125	1000
	Melosira	–	–	–	1875
	Biddulphia	–	–	–	1000
	Stauroeis	875	–	625	3375
	Meridion	500	2000	–	1375

	Cymbella	2250	750	3000	875
	Cyclotella	1750	–	1500	–
	Stephanodiscus	875	–	2000	–
	Amphora	750	875	1500	–
	Gomphonema	–	–	625	–
	Neridium	–	750	–	–
	Pinnularia	875	–	–	–
	Suriella	875	–	–	–
Zooplankton					
Rotifera	*Brachionus*	–	–	–	1375
	Salpina	–	–	–	750
	Asplachna	–	–	–	625
	Triarthra	–	–	625	1250
	Polyarthra	–	–	–	500
	Ploesoma	–	–	–	750
	Anapus	–	–	–	500
	Monostyla	4625	–	–	500
	Anuraea	–	–	–	2125
	Notholea	–	–	–	1000
	Noteus	1125	–	–	–
	Keratella	–	–	10000	1375
	Lepadella	3125	–	2000	–
	Apsilus	–	3125	–	–
	Pterodina	1750	1250	–	750
	Filinia	–	–	–	750
Cladocera	*Moina*	–	5750	–	–

	Pontopoeria	–	1000	–	–
	Limnocalanus	–	–	–	1000
	Alonella	–	–	–	1000
	Daphnia	–	–	8000	6375
	Bosmina	1125	2375	–	1500
	Chydorus	–	1000	–	–
	Canthocamptus	–	–	–	875
	Eurycerus	–	–	–	750
	Acroperus	–	–	–	875
	Leydigia	–	1000	1000	–
	Macrothrix	–	–	–	1000
Protozoa	*Volvox*	750	–	2000	1250
	Pandorina	–	–	–	1000
	Peridinium	–	–	–	1000
	Dinobryon	1125	6250	1125	–
	Chlamydomonas	–	–	1500	–
	Ceratium	–	–	2625	–
	Paramoecium	875	3125	875	500
Copepoda	*Cyclops*	2625	7875	2375	3375
	Diaptomus	2250	6250	2375	1500
	Nauplius larva	2500	2375	2500	875
	Mesocyclops	2625	9375	2375	1250

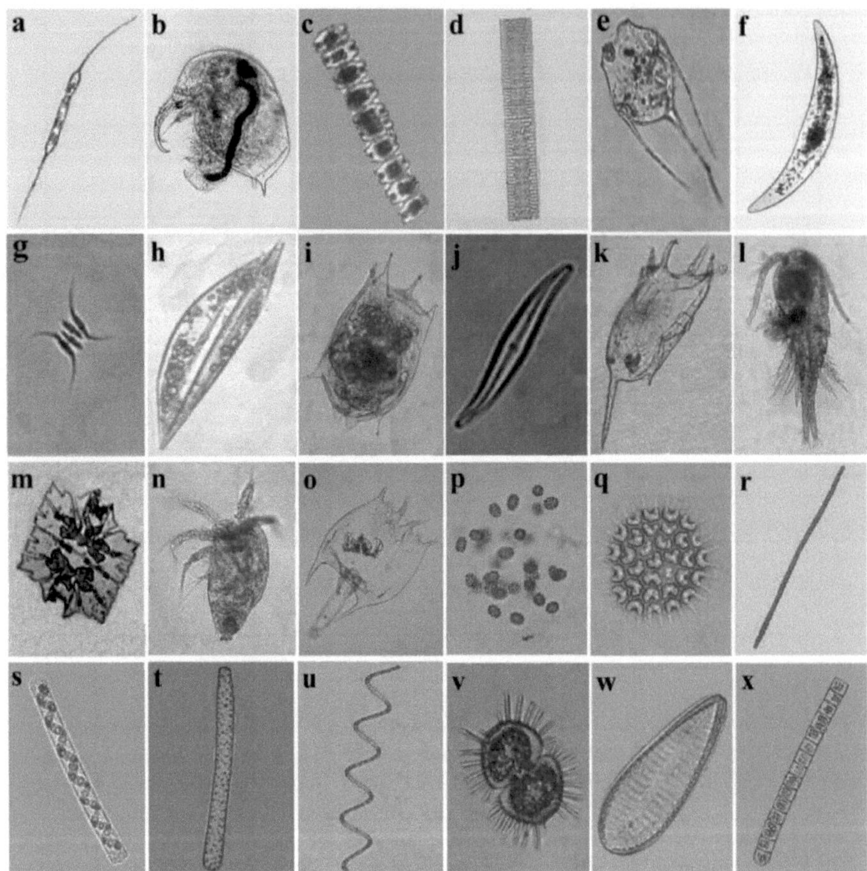

Figura 9 Fotografias de alguns plâncton (100X): a. *Ankistrodesmus*; b. *Bosmina*; c. *Desmidium*; d. *Diatoma*; e. *Filinia*; f. *Closterium*; g. *Scenedesmus*; h. *Cymbella*; i. *Brachionus*; j. *Gyrosigma*; k. *Keratella*; l. *Mesocyclops*; m. *Micrasterias*; n. *Nauplius* larva; o. *Noteus*; p. *Pandorina*; q. *Pediastrum*; r. *Rivularia*; s. *Spirogyra*; t. *Spirotaenia*; u. *Spirulina*; v. *Staurastrum*; w. *Suriella*; x. *Ulothrix*.

Análise de agrupamento hierárquico aglomerativo do plâncton

A análise de agrupamento hierárquico aglomerativo da abundância relativa do plâncton nos locais de estudo (Figura 10) revelou um quadro comparável de semelhanças e associações entre as estações estudadas. No total, existem dois clados, entre os quais a Pré-monção e a Monção formam um único clado e a Retração-Monção e o inverno formam um único clado.

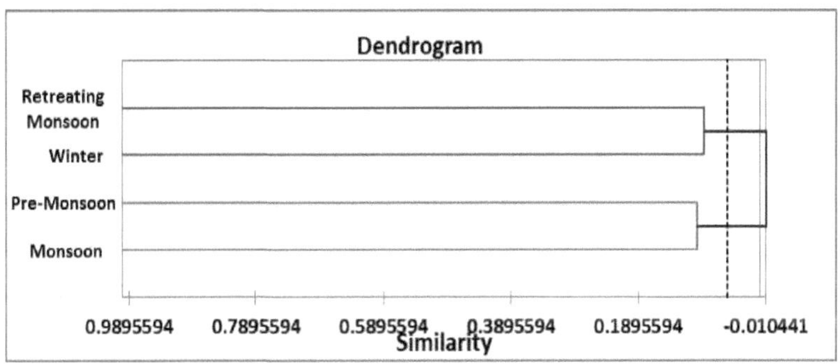

Figura-10 Agrupamento hierárquico aglomerativo (AHC) da diversidade de plâncton do Baixo Rio Brahmaputra

Parâmetros do solo

pH

O pH do solo refere-se geralmente ao grau de acidez ou alcalinidade do solo. Quimicamente, é definido como o log10 de iões de hidrogénio (H+) na solução do solo. O pH do solo variou entre 6,61±0,12 e 7,62±0,09 (Quadro 11). O valor máximo de pH foi registado durante o inverno em S_1 e o mais baixo durante a pré-monção em S_1.

Quadro 11 Valores médios de pH do solo com desvio-padrão (DP) no baixo rio Brahmaputra

Stations	pH			
	Winter (Mean±SD)	Pre-Monsoon (Mean±SD)	Monsoon (Mean±SD)	Retreating Monsoon (Mean±SD)
S_1	7.18±0.09	6.29±0.24	6.29±0.31	6.89±0.21
S_2	7.31±0.11	6.79±0.11	6.71±0.21	7.06±0.10
S_3	7.58±0.08	6.87±0.13	6.37±0.34	6.97±0.11
S_4	7.32±0.11	6.68±0.12	6.30±0.14	6.78±0.06
S_5	7.62±0.09	6.61±0.12	6.28±0.11	7.02±0.04
S_6	7.08±0.05	6.23±0.03	6.24±0.13	6.95±0.09
S_7	7.42±0.08	6.28±0.09	6.14±0.09	7.02±0.11
S_8	7.11±0.07	6.19±0.07	6.23±0.15	6.68±0.08

Carbono orgânico

O carbono orgânico foi encontrado entre 0,1221*0,15 e 0,965±0,11 (Quadro 12). O valor máximo de carbono orgânico do solo foi registado em S_1 durante a monção de recuo e o mínimo em S3 durante o inverno.

Quadro 12 Valores médios de carbono orgânico do solo com desvio padrão (DP) do rio Brahmaputra

Stations	Organic Carbon (%)			
	Winter (Mean±SD)	Pre-Monsoon (Mean±SD)	Monsoon (Mean±SD)	Retreating Monsoon (Mean±SD)
S_1	0.1224±0.29	0.479±0.19	0.589±0.18	0.897±0.13
S_2	0.2367±0.67	0.504±0.10	0.616±0.21	0.961±0.17
S_3	0.1347±0.17	0.547±0.21	0.579±0.10	0.894±0.21
S_4	0.2142±0.19	0.497±0.21	0.624±0.09	0.769±0.12
S_5	0.1323±0.13	0.559±0.17	0.678±0.07	0.965±0.11
S_6	0.1242±0.11	0.577±0.12	0.624±0.18	0.953±0.13
S_7	0.1221±0.15	0.541±0.10	0.656±0.19	0.946±0.17
S_8	0.1301±0.17	0.552±0.09	0.664±0.13	0.961±0.15

Nitrogénio

O azoto ocorre nos solos sob as formas orgânica e inorgânica. O azoto foi encontrado entre 0,102±0,24 e 0,159±0,09 (Quadro 13). O valor máximo de N foi encontrado em si durante o inverno e o mínimo foi encontrado em S_2 durante a pré-monção.

Quadro 13 Valores médios de azoto no solo com desvio-padrão (DP) do baixo rio Brahmaputra

Stations	Nitrogen (%)			
	Winter (Mean±SD)	Pre-Monsoon (Mean±SD)	Monsoon (Mean±SD)	Retreating Monsoon (Mean±SD)
S_1	0.123±0.08	0.103±0.09	0.120±0.09	0.145±0.21
S_2	0.124±0.14	0.114±0.06	0.121±0.11	0.141±0.23
S_3	0.117±0.13	0.121±0.21	0.113±0.09	0.146±0.21
S_4	0.109±0.11	0.119±0.21	0.114±0.12	0.139±0.12
S_5	0.159±0.09	0.109±0.23	0.119±0.21	0.141±0.34
S_6	0.138±0.07	0.102±0.24	0.112±0.20	0.140±0.17
S_7	0.142±0.05	0.112±0.10	0.120±0.18	0.139±0.19
S_8	0.154±0.11	0.110±0.09	0.113±0.13	0.132±0.31

Fósforo

O fósforo foi encontrado entre 0,084±0,52 e 0,430±0,18 (Quadro 14). A quantidade máxima de P foi registada em S_7 durante o recuo da monção, enquanto a mínima foi registada em S_4 durante a pré-monção.

Quadro 14 Valores médios de fósforo no solo com desvio padrão (DP) a jusante do rio Brahmaputra

Stations	Phosphorus (%)			
	Winter (Mean±SD	Pre-Monsoon (Mean±SD)	Monsoon (Mean±SD)	Retreating Monsoon (Mean±SD)
S_1	0.371±0.31	0.136±0.21	0.326±0.47	0.412±0.12
S_2	0.343±0.19	0.124±0.23	0.303±0.36	0.368±0.34
S_3	0.323±0.24	0.121±0.12	0.264±0.46	0.389±0.21
S_4	0.312±0.17	0.096±0.42	0.289±0.51	0.416±0.23
S_5	0.382±0.40	0.090±0.61	0.341±0.60	0.430±0.18
S_6	0.308±0.36	0.131±0.23	0.240±0.43	0.390±0.34
S_7	0.342±0.19	0.084±0.52	0.304±0.55	0.427±0.19
S_8	0.378±0.24	0.112±0.49	0.236±0.53	0.314±0.21

Potássio

O potássio foi encontrado entre 1,11±0,12 e 1,91±0,24 (Tabela 15). A quantidade máxima de K foi encontrada em S_1 durante a pré-monção e a mínima em S_2 durante o inverno.

Quadro 15 Valores médios de potássio no solo com desvio padrão (DP) do rio Brahmaputra

Stations	Potassium (Kg/h)			
	Winter (Mean±SD)	Pre-Monsoon (Mean±SD)	Monsoon (Mean±SD)	Retreating Monsoon (Mean±SD)
S_1	1.21±0.14	1.57±0.12	1.11±0.14	1.13±0.20
S_2	1.13±0.09	1.79±0.23	1.20±0.15	1.15±0.19
S_3	1.23±0.12	1.89±0.17	1.21±0.17	1.16±0.23
S_4	1.16±0.17	1.87±0.12	1.17±0.09	1.13±0.21
S_5	1.13±0.10	1.91±0.24	1.23±0.17	1.17±0.23
S_6	1.11±0.12	1.63±0.21	1.24±0.15	1.15±0.18
S_7	1.12±0.09	1.48±0.19	1.14±0.13	1.12±0.21
S_8	1.16±0.13	1.89±0.17	1.23±0.04	1.09±0.19

CAPÍTULO 4

DISCUSSÃO

O presente estudo sobre a diversidade da fauna piscícola do rio Brahmaputra indica uma elevada diversidade de peixes, uma vez que o valor da diversidade em todos os locais de amostragem é superior a 4. O índice de diversidade de Shannon-Wiener (1963) varia entre 1 e 4. Com este valor, 4 representa uma elevada diversidade de peixes e 1 representa uma baixa diversidade. Os índices de diversidade e riqueza mostraram que a diversidade da fauna piscícola era mais elevada nos meses de inverno (principalmente de novembro a fevereiro) do que nos outros meses em todos os locais de amostragem. O número de espécies de peixes também é máximo durante este período. Isto deve-se ao facto de a profundidade da água ser reduzida ao mínimo devido à falta de precipitação suficiente nesta altura, permitindo aos pescadores utilizar as suas artes de pesca de forma mais eficaz. Um resultado semelhante foi também registado por Nath e Deka (2012), que registaram a maior diversidade de peixes no inverno. O número mais baixo de espécies foi registado no mês de junho, o que se deve às fortes chuvas que caem durante este período e que tornam a pesca muito difícil, uma vez que o nível da água atinge o seu máximo. O valor do índice de diversidade e riqueza neste estudo foi maior do que o de Yisa *et al.* (2011) e Innocent *et al.* (2012), indicando uma biodiversidade comparativamente mais rica na área de estudo.

O número máximo de espécies foi encontrado no género *Channa* (Channidae) em todos os locais de amostragem, com exceção de espécies como *Channa aurentimaculata,* que só foi avaliada no rio Brahmaputra superior (Guijanghat, Dibrugarghat e Nematighat). Verificou-se que quase todas as espécies se distribuíam em todos os locais de amostragem, com um número variável e elevado. Algumas espécies, como *Bangana dero, Pethia gelius, Psilorhynchus sucatio, Botia almorae, Lepidocephalichthys goalparensis, Lepidocephalichthys micropogon, Oreichthys crenucoids, Pisodonophis boro, Pillaia indica, Pangio pangia* e *Badis kanabos,* foram consideradas raras em determinadas estações do ano e em determinados locais de amostragem. Tal pode dever-se à sua fraca capacidade de reprodução, uma vez que a sua abundância relativa é muito baixa, ou ao facto de se reproduzirem numa estação específica num local de reprodução específico. *Amblyceps arunachalensis, Labeo dyocheilus, L. pangusia, Mystus dibruensis, Neonemacheilis assamensis* e *Pethia guganio só foram encontrados* nos troços superiores.

Foram encontradas 11 espécies de peixes de rio viz., *Glyptothorax botius, G. telchitta, Garra annandalei, G. nasuta, Raiamas bola, Schistura corica, Sisor chennuah* e *S. rabdophorus (*exceto *Psilorhynchus sucatio, Tor tor* e *Amblyceps waikhomi)* em todos os locais de amostragem. *Amblyceps waikhomi* só foi registado em S_g , durante a monção. Apenas um juvenil de *Tor tor* foi registado na estação das monções. Isto deve-se ao facto de os rios ficarem cheios durante a monção. Como a água flui de montante para jusante, as espécies de peixes também fluem acidentalmente ao longo da corrente de água. No entanto, os adultos são abundantes nos troços superiores do rio Brahmaputra.

Quatro espécies de peixes foram consideradas estuarinas, nomeadamente *Awaous grammepomus*, *Glossogobius giuris*, *Johnius coitor* e *Setipinna brevifilis,* devido à ligação do Brahmaputra inferior aos estuários. A espécie de *Setipinna* encontrada no Brahmaputra inferior é, sem dúvida, *Setipinna brevifilis*, cuja validade parece ser um grande erro de identificação, como é evidente nos trabalhos de Biswas e Sugunan (2008), Goswami *et al.* (2012) e Basumatary *et al.* (2014). *S. brevifilis* e *S. phasa* (Hamilton) são os únicos engraulídeos distribuídos ao longo da bacia do Ganga-Brahmaputra na Índia. Uma análise comparativa entre espécimes recém-colhidos de *S. brevifilis* e *S. phasa* (não-tipos depositados no ZSI, Calcutá) revelou características distintivas claras entre eles.

Foi descrita uma nova espécie do "Hasila Beel", que é uma zona húmida de planície de inundação do baixo rio Brahmaputra, denominada "*Badis pancharatnaensis*". O seu nome deriva do local histórico do distrito de Goalpara, em Assam.

A ameaça das espécies exóticas sobre as espécies de peixes indígenas do rio Brahmaputra não foi identificada nas presentes conclusões. No entanto, de acordo com as partes interessadas locais, as espécies exóticas de peixes como *Ctenopharyngodon idella*, *Cyprinus carpio*, *Hypophthalmichthys molithrix* e *H. nobolis* apareceram frequentemente em todas as estações e em todos os locais de amostragem. Embora estas quatro espécies tenham sido introduzidas em habitats diferentes, estão agora bem adaptadas ao nosso habitat nativo, de tal forma que estão a satisfazer as exigências do mercado de peixe como alimento.

Os estudos sobre os parâmetros físico-químicos revelaram uma boa qualidade da água, mas com ligeiros desvios dos valores da gama ideal. O estudo revela que a variação do habitat físico em todas as oito estações de desembarque desempenha um papel fundamental na distribuição das espécies de peixes no rio Brahmaputra. Observou-se que, de entre todos os atributos do habitat, o pH, o oxigénio dissolvido e o dióxido de carbono livre são as principais características do habitat que se revelam como as variáveis importantes na determinação da distribuição das espécies de peixes no rio Brahmaputra. Concentrações de oxigénio dissolvido de 5,0 mg DO_2/l ou mais são aceitáveis para a maioria dos organismos aquáticos (Stickney, 2000). Thresh *et al.*, (1994) no seu estudo fez uma observação sobre o valor do cloreto do ecossistema de água doce. Embora se tenha verificado que o nível de alcalinidade é máximo no período da monção, a tendência para o aumento da alcalinidade pode dever-se a uma maior acumulação de lama e de solo no leito do rio, que flui ao longo de todo o curso superior, tornando assim o leito do rio lamacento antes de entrar no Bangladesh. Os níveis de dureza do rio Brahmaputra foram estimados dentro do limite admissível. De acordo com Baruah *et al.* (1993), a dureza da água não é um parâmetro de poluição, mas indica a qualidade da água principalmente em termos de Ca^{2+} e Mg^{2+} .

As variações nos parâmetros físico-químicos como o pH, a turvação, o oxigénio dissolvido, a alcalinidade e a condutividade em diferentes locais de amostragem devem-se a diferenças no escoamento superficial, no canal de ligação e nas actividades antropogénicas, que foram responsáveis pela variação da diversidade e distribuição das espécies (De Silva *et al.*, 2007).

Também Peres-Neto (2004) referiu que a ocorrência de espécies está diretamente relacionada com factores abióticos e não com a interação entre espécies. A presente investigação revelou que as variações dos parâmetros físico-químicos têm um impacto direto na riqueza das espécies de peixes. No entanto, verificou-se que a abundância relativa das espécies recolhidas está em declínio, conforme relatado pelos pescadores e pelos intervenientes locais. No entanto, a quantificação da abundância relativa não foi possível devido à falta de informação prévia. As comunidades de peixes em sistemas ribeirinhos seguem tipicamente um padrão de aumento da riqueza de espécies, diversidade e abundância de montante para jusante (Welcomme, 1985; Bayley e Li, 1994; Granado, 2000). No entanto, o padrão atual de riqueza, diversidade e abundância de espécies de peixes difere muito do padrão típico. Neste estudo, a diversidade e a riqueza de espécies foram mais elevadas no curso de água inferior do que no curso de água superior, porque o número de afluentes nos troços inferiores é superior ao dos troços superiores. O padrão de distribuição encontrado no presente estudo sugere efeitos temporais e espaciais cumulativos de pesca excessiva, perda de habitat ou degradação ambiental no curso superior do que no curso inferior (Scrimgeour e Chambers, 2000; Wolter *et al.*, 2000). O habitat de rio aberto é o habitat preferido dos peixes que habitam os rios tropicais (Sarkar *et al.*, 2010; Lobb e Orth, 1991; Arunachalam, 2000), o que também é evidente no presente estudo no curso inferior do rio, ou seja, em S_7 & S_8 . A razão da baixa riqueza de espécies nos troços superiores pode dever-se ao efeito dos resíduos urbanos e industriais, à elevada taxa de sedimentação, à poluição e à atividade industrial.

A qualidade do solo desempenha um papel importante em todos os ecossistemas. O solo é um meio dinâmico constituído por minerais, matéria orgânica, água, ar e organismos vivos como as bactérias e as minhocas. As propriedades do solo mais importantes e mais susceptíveis de serem influenciadas por outros factores ambientais são o pH do solo, o carbono orgânico, o azoto (N), o fósforo (P) e o potássio (K). O pH de um solo é a propriedade mais importante que indica as características químicas do solo e que mede a acidez e a alcalinidade do solo. O valor de 6,5 a 7,5 é considerado quase neutro para o pH do solo (Saha, 2010). O valor do pH do solo foi registado como aproximadamente neutro em todos os locais de amostragem e em todas as estações. O carbono orgânico é muito importante para aumentar a fertilidade do ecossistema aquático para uma elevada produção de peixe; fornece nutrientes e também é considerado uma fonte de alimento para os microrganismos; evita a erosão do solo, reduzindo o escoamento do solo e produz mais água para o crescimento das plantas; em solos arenosos e argilosos, a capacidade de retenção de água é aumentada pela presença de carbono orgânico do solo; e a acumulação de carbono orgânico na superfície do solo ajuda a manter a temperatura do solo baixa no verão e moderada no inverno. O carbono orgânico do solo é o componente de carbono dos compostos orgânicos. O valor aceitável de carbono orgânico do solo é de 1,0% (Saha, 2010). Verificou-se que o valor do carbono orgânico se situa abaixo do intervalo ideal. O valor indica que o solo do rio Brahmaputra é arenoso (>0,5) durante o inverno, franco-arenoso (>0,7) durante a pré-monção e a monção, e franco-argiloso (>1,2) durante o recuo da monção em todos os locais de amostragem.

Os principais nutrientes como o azoto (N), o fósforo (P) e o potássio (K) são úteis para a produtividade do ecossistema aquático que fornece nutrientes essenciais em quantidades e proporções para o crescimento de plantas aquáticas e terrestres, peixes e outros animais aquáticos; por outras palavras, podemos dizer que a fertilidade do solo está diretamente relacionada com a produção de peixe porque ajuda a estabelecer uma cadeia alimentar na água e no solo para os peixes; por isso, os nutrientes do solo são considerados como parte integrante da fertilidade do solo (Saha, 2010). O teor de N no solo foi baixo (0,05%-0,15%) em todas as estações do ano. A maior proporção de N no solo é influenciada pela matéria orgânica presente no solo (Baruah & Barthakur, 1997). O P foi encontrado para ser bastante próximo do valor ideal (0,1%) durante a pré-monção e maior do que o valor ideal durante o inverno, pré-monção, monção e monção em retirada em todos os locais de amostragem; e K foi encontrado para estar dentro da faixa (0,1-2,6 Kg/h) durante toda a temporada indicando alta quantidade de conteúdo de K no solo do Brahmaputra inferior. O valor de NPK revela que o solo do Brahmaputra inferior é rico em fertilidade e fornece um habitat adequado para a produção de peixe.

O componente biótico do ecossistema aquático, como o fitoplâncton, constitui a fonte vital de energia como produtor primário e serve como fonte direta de alimento para as outras plantas e animais aquáticos (Senthikumar e Sivakumar, 2008). O resultado mostrou que Chlorophyceae é a família dominante, seguida de Bacillariophyceae, Desmidiaceae e Cyanophyceae. Dominância de Bacillariophyceae e Chlorophyceae, isto pode ser devido à quantidade favorável de pH e alcalinidade, que também foi observado por Rajagopal *et al.*, (2010). Os géneros tolerantes à poluição, tais como *Closterium, Gomphonema, Navicula, Scenedesmus* e *Syndra* foram encontrados no baixo rio Brahmaputra. Estes géneros são geralmente encontrados em águas poluídas organicamente (Palmer 1969). A presença de espécies tolerantes à poluição orgânica indica o estado ecológico do rio e a qualidade da água. A maioria das espécies de fitoplâncton registadas nas estações de amostragem durante o período de estudo é tolerante à poluição orgânica (Sakset & Chankaew, 2013). Assim, a sua presença pode indicar a poluição orgânica do rio. A razão por detrás desta poluição orgânica pode ser devida a várias actividades antropogénicas como lavagens, banhos, dejecções de excrementos humanos e animais, emersão de estátuas, deposição de lixo e certos resíduos nocivos no rio e nas suas proximidades. A análise quantitativa do zooplâncton indica que a percentagem de abundância de Rotifera é muito mais elevada do que a de Cladocera, Protozoa e Copepoda. A maior abundância de Rotifera pode dever-se à poluição do rio. A sedimentação da matéria orgânica na água conduz à degradação do rio, o que leva ao aumento da densidade de abundância de Rotifera. Vistas semelhantes foram também observadas por Jalilzadeh, 2008; Aquino *et al.*, 2008; Verma *et al.*, 2013 e Kar e Kar, 2016. Os rotíferos formam um componente significativo do zooplâncton, pois são conhecidos por exibirem uma gama muito ampla de variações morfológicas e adaptações e, como tal, respondem mais rapidamente às mudanças ambientais, mais precisamente às mudanças na qualidade da água (Balakrishna *et al.*, 2013).

Conclusão:

A partir da presente investigação, observou-se que o rio Brahmaputra continua a registar uma elevada diversidade de peixes desde a sua origem até ao ponto de confluência. A maior diversidade foi registada no inverno porque, durante este período, o nível da água desce, o que faz com que os pescadores utilizem as suas artes de pesca de forma mais eficaz. Os resultados do estudo indicam que o rio Brahmaputra continua a ser muito rico em termos de diversidade de espécies de peixes, com uma ligeira poluição orgânica no seu habitat. Isto deve-se aos banhos, à lavagem, à eliminação de estátuas e ao despejo de lixo. Embora estas actividades antropogénicas sejam muito elevadas, devido à elevada corrente de água, o estado ribeirinho do rio Brahmaputra ainda se encontra em boas condições. Por isso, é importante ter em conta alguns aspectos, como a suspensão do assoreamento, a promoção da colheita controlada e o controlo da poluição da água para a conservação do ecossistema aquático. As agências de conservação podem adotar várias estratégias de conservação eficazes para manter a biodiversidade, como um programa de avaliação biótica abrangente, necessário para proteger eficazmente os recursos piscícolas de água doce do rio Brahmaputra.

REFERÊNCIAS

Associação Americana de Saúde Pública (APHA). 2005. *Standard Methods for the Examination of Water and Wastewater Analysis (Métodos Padrão para Análise de Água e Águas Residuais).* 21st edition. American Water Works Association/Water Environment Federation, Washington D. C. pp. 289.

Anon, 2001. Resources information system for Gulf of Manner (India), Department of Ocean Development, Government of India, Integrated Coastal and Marine Area Management, ProjectDirectorate, Chennai, pp.87.

Arunachalam, M., 2000. Estrutura de assemblagem de peixes de riachos nos Ghats Ocidentais (Índia). *Hydrobiologia.* **430**, 1-31.

Aquino, Ma. R. Y., Carmela, D. C., Cruz, M. A. S., Saguiguit, Ma. A. G. & Papa, R. D. S., 2008. Composição e Diversidade do Zooplâncton no Lago Paoay, Ilha de Luzon, Filipinas. *Philippine Journal of Science.* **137**(2), 169-177.

Babu, A., Ravimanickam, Jerald, I., Joseph, A., Shamsudin, M. & Prabakar, K., 2014. Estudos sobre a diversidade do fitoplâncton no rio Cauvery, distrito de Thanjavur, Tamil Nadu, Índia. *Jornal Internacional de Microbiologia Atual e Ciências Aplicadas.* **5**, 824-834.

Bakalial, B., Biswas, S. P., Borah, S. & Baruah, D., 2014. Lista de verificação de peixes da drenagem do rio Lower Subansiri, Nordeste da Índia. *Annals of BiologicalReasearch.* **5**(2), 55-67.

Balakrishna, D., Mahesh, T., Samatha, D. & Ravinder Reddy, T., 2013. Índices de diversidade de zooplâncton do lago Dharmasagar, distrito de Warangal (A. P.). *Revista Internacional de Investigação em Ciências Biológicas.* **3**(3), 109-111.

Baruah, T. C. & Barthakur, H. P., 1997. *A textbook of Soil Analysis.* Vikas Publishing HousePvt. Ltd.

Baruah, A. K., Sharma, R. N. & Borah, G. C., 1993. Impact of Sugar Mill and Distillery Effluents on Water Quality of River Gelabil, Assam. *Indian Journal of Environmental Health.* 35(**4**), 288-293.

Basumatary, S. Baishya, R. A., Talukdar, B., Kalita, H. K., Dutta, A., Goswami, U. C., Srivastava, S. K. & Sarma, D., 2014. Diversidade de pequenas espécies indígenas (SIS) de peixes no curso inferior do rio Brahmaputra, Assam. *Ecologia, Ambiente e Conservação.* 20 (**4**), 1817-1824.

Battish, S. K., 1992. Freshwater zooplankton of India, Oxford an IBH pub co. Nova Deli, pp. 233.

Bayley, P. & Li, H., 1994. Riverine fisheries: *In*: The river handbook: hydrological and ecological principles (Eds.: P. Calow e G.E. Petts). Blackwell, Boston. pp. 251-281.

Bhattacharyya, T., Pal, D. K., Mandal, C. & Velayutham, M., 2000. Organic carbon stock in Indian soils and their geographical distribution. *Current Science*. 79 (**5**), 655-660.

Biswas, B. K. & Sugunan, V. V., 2008. Diversidade de peixes do sistema do rio Brahmaputra em Assam, Índia. *Journal of Inland Fisheries Society of India*. 40 (**1**), 23-31.

Barthakur, M., 1986. Tempo e clima no Nordeste da Índia. *Northeastern Geographer*. **18**, 20-27.

Briones, M., Dey, M. M. & Ahmed, M., 2004. The future for fish in the food and livelihoods of the poor in Asia. *NAGA Worldfish Center Quarterly*. **27**, 3-4.

Choudhury, M., Chandra, R. & Kolekar, V., 1990. Observação de alguns aspectos biológicos e da pesca de Hilsha ilisha (Ham) do rio Brahmaputra. *Journal of Inland Fishery Society of India*. **22**, 66-74.

Das, M. K. & Bordoloi, S., 2012. Diversidade de peixes ornamentais na ilha fluvial de Majuli, Assam. *Global Journal of Bio-Science & Biotechnology*. 1(**1**), 81-84.

De Silva, S. S., Abery, N. W. & Nguyen, T. T. T., 2007. Peixes ósseos de água doce endémicos da Ásia: distribuição e estado de conservação. *Diversity and Distributions*. **13**, 172-174.

Das, B. & Sharma, S., 2012. Ichthyofaunal diversity of river Jamuna, Karbi Anglong, Assam, India. *The Clarion*. 1(**1**), 65-69.

Dey, S. C., Kakati, M. & Sarma, S. K., 2002. Pre *investment feasibility of ornamental fish trade in NER*, Relatório Final elaborado para o NEDFI.

Edmondson, W. T., 1992. Fresh-Water Biology, 2nd Edn. International Books & Periodicals Supply Service. Nova Deli. pp. 95-656.

Eschmeyer, W. N., Fricke, R. & Van Der Laan, R. (eds) (2017): Catálogo de peixes: géneros, espécies, referências. (http://researcharchive.calacademy.org/research/ichthyology/catalog/fishcatmain.asp). Versão eletrónica acedida em 20 de abril de 2017.

Ghosh, S. K. & Lipton, A. P. 1982. Ichthyofauna of the N. E. H. Region with special reference to their economic importance. *ICAR Spl. Bulletin No. 1* (ICAR Research Complex, Shillong), 119-126.

Goswami, U. C., Basistha, S. K., Bora, D., Shyamkumar, K., Saikia, B. K. & Changsan, K., 2012. Diversidade de peixes do Nordeste da Índia, incluindo as zonas de pontos quentes de biodiversidade dos Himalaias e da Indo-Birmânia: A checklist on their taxonomic status, economic importance, geographical distribution, present status and prevailing threats. *International Journal of Biodiversity and Conservation*. 4(**15**), 592-613.

Granado, C., 2000. Ecologa de communidades el paradigma de los pecces de agua dulce. Universidad de Sevilla Secretariado de Publicaciones, Sevilla.

Gurumayum, S. D. & Choudhury, M., 2009. Métodos de pesca nos rios do Nordeste da Índia. *Indian Journal of Traditional Knowledge*. 8(**2**), 237-241.

Manual de Estatísticas da Pesca, 2014. Governo da Índia Ministério da Agricultura, Departamento de Pecuária, Lacticínios e Pescas Krishi Bhawan, Nova Deli.

Hamilton-Buchanan, F., 1822. An account of the fishes of river Ganges and its branches. Edimburgo e Londres, vii + 405.

Hawkins, C. P., Murphy, M. L., Anderson, N. H. & Wilzbach, M. A., 1983. Densidade de peixes e salamandras em relação à copa das árvores e ao habitat físico em riachos do noroeste dos Estados Unidos. *Canadian Journal of Fisheries and Aquatic Sciences*. **40**,

Innocent, B. X., Karuthapandi, M. & Fathima, M. S. A., 2012. Diversidade da fauna de peixes da lagoa de Suthamalli, distrito de Tirunelveli, Tamilnadu. Jornal Internacional de Ciências Avançadas da Vida. 1, 73-79.

União Internacional para a Conservação da Natureza e dos Recursos Naturais (UICN) 2017. Lista Vermelha de Espécies Ameaçadas da IUCN. Versão 2017.2 http://www.iucnredlist.org. Descarregada em 30 de maio de 2017.

Jackson, M. L., 1958. Soil Chemical Analysis, Prentice Hall London.

Jackson, M. L., 1967. Soil Chemical Analysis Prentice Hall of India Pvt. Ltd., New Delhi. pp.205.

Jalilzadeh, A. K. K., Yamakanamardi, S. M. & Altaff, K., 2008. Abundância de Zooplâncton em Três Lagos Contrastantes da Cidade de Mysore, Estado de Karnataka, Índia. Actas do Taal 2007: The 12th World Lake Conference. 464-469.

Jayaram, K. C., 2010. The Freshwater Fishes of the Indian Region (Os Peixes de Água Doce da Região Indiana). Segunda edição. Narendra Publishing House, Delhi.

Jhingran, V. G., 1991. Fish and fisheries of India. 3rd edn. Hindustan Publishing Corporation, Delhi, Índia. pp. 727.

Jhingran, V. G., 1999. Fish and Fisheries of India. Terceira edição. Delhi, Índia: Hindustan Publishing corporation.

Kar, S. & Kar, D., 2016. Diversidade de zooplâncton de uma zona húmida de água doce de Assam. *Jornal Internacional de Biotecnologia Avançada e Pesquisa*. **2**, 614-620.

Kather, B. S., Chitra, J. & Malini, E. 2015. Estudos sobre a diversidade do plâncton e a qualidade da água do lago Ambatur, Tamil Nadu. *Revista Internacional de Zoologia Pura e Aplicada* .**1**, 3136.

Lalmohan, R.S., 2000. Biodiversity of fishes and prawns of the river Brahmaputra (Biodiversidade de peixes e camarões do rio Brahmaputra). P.88-89. *In*: Fish Biodiversity of North- East India (Eds.: A.G. Ponniah e U.K. Sarkar). *NBFGR. NATP PUBL.* 2, 228.

Leveque, C., Oberdorff, T., Paugy, D., Stiassny, M. L. J. & Tedesco, P. A., 2008. Diversidade global de peixes (Pisces) em água doce. *Hydrobiologia*. **595**, 545-567.

Lobb, M. D. & Orth, D. J. 1991. Utilização do habitat por um conjunto de peixes num grande riacho de águas quentes. *Transacções da Sociedade Americana de Pesca*. **120**, 65-78.

Lytle, D. A. & Poff, N. L., 2004. Adaptations to natural flow regimes. *Tendências em Ecologia e Evolução*. **19**, 94-100.

Maddock, I. P., Petts, G. E. & Bickerton, M. A., 1995. River channel assessment a method for defining channel sectors on the River Glen, Lincolnshire, UK. Man's influence on freshwater ecosystems and water use (A influência do homem nos ecossistemas de água doce e na utilização da água). Actas da Conferência da IAHS, Boulder, CO, IAHS, Wallingford, pp. 219-226.

Mahanta, P.C., Srivastava, S.M., Paul, S,K., 1998. Avaliação preliminar dos recursos de germoplasma de peixes da região nordeste para desenvolver uma estratégia de conservação. New Agriculturist, 8(1).15-20.

Naiman, R. J., Magnuson, J. J., Mcknight, D. M., Stanford, J. A. & Karr, J. R., 1995. Fresh-water ecosystems and their management- a national initiative (Ecossistemas de água doce e sua gestão - uma iniciativa nacional). *Science*. **270** (5236):584-585.

Nath, B. & Deka, C., 2012. Um estudo sobre a diversidade de peixes, o estado de conservação e o stress antropogénico do lago tectónico de Chandubi, Assam, Índia. *Journal of Bio Innovation*. 1(**6**), 148-155.

Nelson, J. S., 2006. Fishes of the World (4th edn.). John Wiley & Sons, Nova Jersey, EUA. pp. 601.

Needham, J. G. & Needham, P. R., 1974. A guide to the Study of Fresh-water Biology. Comstock Publishing Company, INC. pp. 44-63.

Palmer, C. M., 1969. Classificação composta de algas que toleram a poluição orgânica. *British Phycol. Bull.* **5**, 78-92.

Patel, V. & Parikh, P., 2012. Avaliação dos parâmetros de qualidade do solo e da carga de metais pesados na Mini River Basin, Vadodara. *Revista Internacional de Ciências Ambientais.* 3(**1**).

Paul, M. G. & Ali, A., 2013. Recursos Ichthofaunal do distrito de Dhubri de Assam, Índia. *Jornal Internacional de Pesquisa e Desenvolvimento Inovador.* **10**, 224-226.

Peres-Neto, P R., 2004. Padrões de coocorrência de metacomunidades de peixes de ribeira: o papel da adequação do local, morfologia e filogenia versus interacções entre espécies. *Oecologia.* **140**, 352-360.

Poff, N. L., Allan, J. D., Bain, M. B., Kar, J. R. & Prestegaard, K. L., 1997. The natural flow regime. *BioScience.* **47**, 769-784.

Rajagopal, T. A., Thangamani, S. P., Sevarkodiyone, M., Sekar & Archunan, 2010. Diversidade do zooplâncton e condições físico-químicas em três lagoas perenes do distrito de Virudhunagar, Tamil Nadu. *Jornal de Biologia Ambiental.* **31**, 265-272.

Saha, R. K., 2010. Soil *and Water Quality Management for Sustainable Aquaculture (Gestão da qualidade do solo e da água para uma aquicultura sustentável).* Editora Narendra. pp . 8-80.

Sakset, A. & Chankaew, W., 2013. O fitoplâncton como bioindicador da qualidade da água na área de pesca de água doce da bacia do rio Pak Phanang (sul da Tailândia). *Chiang Mai Journal of Science.* **40**(3), 344-355.

Sarkar, U.K., Gupta, B. K. e Lakra, W.S. (2010): Biodiversidade, eco-hidrologia, estado de ameaça e prioridade de conservação dos peixes de água doce do rio Gomti, um afluente do rio Ganga (Índia). *Environmentalist.* **30**, 3-17.

Saud, B. J., Chetia, M., Verma, V. K. & Kumar, D., 2012. Eco-hidrobiologia com ênfase especial na Diversidade Ictiofaunal de Urpod Wetland Goalpara, Assam, Índia. *Revista Internacional de Ciências Vegetais, Animais e Ambientais.* 2(**3**), 103-109.

Shannon, C. E. & Wiener, W., 1963. The mathematical theory of communication. University Illinois Press, Urbana. p.36.

Scrimgeour, G. & Chambers, P., 2000. Cumulative effects of pulp mill and municipal effluents on the epilithic biomass and nutrient limitation in a large northern river ecosystem. *Canadian Journal of Fisheries and Aquatic Sciences.* **57**, 1342-1354.

Stalnaker, C. B., Bovee, K. D & Waddle, T. J., 1996. Importância dos aspectos temporais da dinâmica do habitat para estudos de populações de peixes. *Regulated Rivers: Research and Management.* **12**, 145-153.

Stickney, R. R., 2000. Encyclopedia of Aquaculture. John Wiley and Sons, Nova Iorque.

Sarma, D. B., Saud, J. e Dutta, A. (2005). Situação atual e relação comprimento-peso de *Wallago attu* (Ham) no curso inferior do rio Brahmaputra. *Indian J. Fisheries.* **50** (1).

Sarma, D. and Dutta, A. (2009) Climate Change & its Impact on Coldwater Fish and Fisheries of Manas River, Assam (India). *In:* Actas do Workshop Nacional sobre o Impacto do Clima Mudança nos recursos haliêuticos de água fria, 5 de junho/2009 Bhimtal, Índia.

Sarma, P. K., 2014. Diversidade de germoplasma de peixes e seu estado de conservação do rio Kaldia no vale do baixo Brahmaputra de Assam, Índia. *Jornal Internacional de Biociência Pura e Aplicada.* **6**, 46-54.

Sarma, U. & Biswas, S. P., 2012. Estudos sobre a qualidade da água de fundo e a comunidade macrobêntica como bioindicadores no tanque de Joysagar, Sivsagar, Assam (Índia). *Journal of Frontline Research.* **2**, 93-100.

Sarma, D., Das, J., Bhattacharyya, R. C. & Dutta, A., 2012. Diversidade Ictiofaunal de Trincheiras Inferiores do Rio Brahmaputra, Assam. *Jornal Internacional de Biologia Aplicada e Tecnologia Farmacêutica.* **2**, 126-130.

Sarma, D. & Dutta, A., 2000. Situação atual de Tenualosa ilisha (Ham) no rio Brahmaputra. pp. 97-98. Em A. G. Ponniah e U. K. Sarkar (eds.) Fish biodiversity of north east India. NBFGR. NATP Publ. 2, pp.228.

Sen, N., 2003. Fish Fauna of North East India with special reference to endemic and threatened species. *Registos do Serviço Zoológico da Índia.* **101**, 81-99.

Sen, T. K., 1985. The Fish Fauna of Assam and their neighbouring North-Eastern States of India. Registos do Serviço Zoológico da Índia. Occasional PaperNo. 64, 1-216.

Senthikumar, R. & Sivakumar, K., 2008. Estudos sobre a diversidade do fitoplâncton em resposta a factores abióticos no lago Veeranam no distrito de Cuddalore de Tamil Nadu. *Journal of Environmental Biology.* **5**, 747-752.

Sinha, M., 1994. Fish genetic resources of the north-eastern region of India. *Journal of Inland Fishery Society of India.* 26 (**1**), 1-19.

Shirvell, C. S., Dungey, R. G. & Waddle, T., 1984. Microhabitat escolhido pela truta castanha para alimentação e desova nos rios. *Transactions of the American Fisheries Society*. **112**, 355-367.

Subbaiah, B. V. & Asija, G. L., 1965. Um procedimento rápido para a determinação do azoto disponível no solo. *Current Science*. **25**, 259-260.

Sivakumar, K. & Karuppasamy. R., 2008. Avaliação das características físico-químicas e medidas de restauração sugeridas para o lago Pushkar, Ajmer Rajasthan (Índia). The 12th World Lake Conference, pp. 1518-1529.

Talwer, P. K. & Jhingran, A. G., 1991. Inland fishes of India and adjacent countries. Vol I & II. Oxford & IBH Publ. Co. Pvt. Ltd., New Delhi.

TFYP (Décimo Plano Quinquenal) (2010). Relatório do grupo de trabalho sobre pescas para o décimo plano quinquenal, Governo da Índia, Comissão de Planeamento.

Thresh, J. C., Suckling E. V. & Beale, J. F., 1994. The examination of water supplies. Edn., E. W. Taylor.

Vashishta, B.R. (1990) Botany, Part I, Algae, S.Chand & Company Ltd.

Verma, H., Pandey, D. N. & Shukla, S. K., 2013. Variações mensais do zooplâncton em um corpo de água doce, Futera Anthropogenic Pond of Damoh District (MP). *Jornal Internacional de Investigação Inovadora em Ciência, Engenharia e Tecnologia*. **2**(9), 4781-4788.

Vishwanath, W., 2002. Fishes of North East India (Peixes do Nordeste da Índia). Departamento de Ciências da Vida, Universidade de Manipur. Projeto Nacional de Tecnologia Agrícola.

Vishwanath, W., Lakra, W. S. & Sarkar, U. K., 2007. Fishes of North East India NBFGR Publication, Lucknow. 1-264.

Vishwanath, W., Ng, H. H., Britz, R., Singh, L. K., Chaudhury, S., Conway, K. W., 2010. O estado e a distribuição dos peixes de água doce da região oriental dos Himalaias. Em Allen, D. J., Molur, S., Daniel, B. A. (compiladores). The status distribution of fresh water Biodiversity in the Eastern Himalayan region. Cambridge, Reino Unido e Gland, Suíça: IUCN, e Coimbatore, Índia: Zoo Outreach Organization.

Vishwanath, W., Nebeshwar, K., Lokeshwar, Y., Shangningam, B. D. & Rameshori, Y., 2014. Taxonomia de peixes de água doce e um manual de identificação de peixes do Nordeste da Índia. Manipur University & National Bureau of Fish Genetic Resources. Imphal, Manipur, Índia, pp. 132.

Vishwanath, W., Lakra, W. S. & Sarkar, U. K., 2012. *Fishes of Northeast India (Peixes do Nordeste da Índia)*. NBFGR, Lucknow, U. P., Índia. pp. 264.

Vyas, V., Kumar, A., Wani, S. G. & Parashar, V., 2012. Status of Riparian Buffer Zone and floodplain areas of River Narmada, India. *Revista Internacional de Ciências Ambientais.* 3(**1**), 659-674.

Wakid, A., 2009. Status and distribution of the endangered Gangetic dolphin (*Platanista gangetica gangetica*) in the Brahmaputra River within India in 2005. *Current Science.* 97(**8**).

Walsh, S. J. & Meador, M. R., 1998. Guidelines for quality assurance and quality control of fish taxonomic data collected as part of the National Water Quality Assessment Program. US Geological Survey Water Resources InvestigationsReport. 98-4239.

Welcomme, R.L. (1985): River fisheries. FAO Fish TechPap. **262**: 1-318.

Worldfish. 2010. Sítio Web do Worldfish. Acedido em 1 de novembro de 2010 em

www.worldfishcenter.org/wfcms/HQ/article.aspxID=661

Wolter, C., Minow, J., Vilcinskas, A. e Grosch, U., 2000. Long-term effects of human influence on fish community structure and fisheries in Berlin water: an urban water system. *Gestão das Pescas e Ecolologia.* **7**, 97-104.

Yadava, Y. S. & Chandra, R., 1994. Some threatened carps and catfishes of Brahmaputra river system. pp. 45-55. In: Dehadrai, P. V., P. Das & S. R. Verma (eds.). *Threatened Fishes of India*. Natcon Publication, Muzaffarnagar.

Yisa, T. A., Adeyemi, R. A. & Ibrahim, I., 2011. Avaliação do Índice de Diversidade da Fauna de Peixes num Campo de Arroz de Planície na Savana da Guiné Meridional do Norte da Nigéria. I. J. S. N. 2(4), 809-812.

I want morebooks!

Buy your books fast and straightforward online - at one of world's fastest growing online book stores! Environmentally sound due to Print-on-Demand technologies.

Buy your books online at
www.morebooks.shop

Compre os seus livros mais rápido e diretamente na internet, em uma das livrarias on-line com o maior crescimento no mundo! Produção que protege o meio ambiente através das tecnologias de impressão sob demanda.

Compre os seus livros on-line em
www.morebooks.shop

Printed by Books on Demand GmbH, Norderstedt / Germany